Cray textile UK,1884

E X - L I B R I S

Stories
of
flowers

花之语

崔莹—著

三联书店

图书在版编目（CIP）数据

花之语：英国古典版画里的花草秘事 / 崔莹著 . --

北京：生活·读书·新知三联书店，2023.9
ISBN 978-7-108-07617-5

Ⅰ . ①花… Ⅱ . ①崔… Ⅲ . ①花卉—文化史—欧洲
Ⅳ . ① S68-095

中国国家版本馆 CIP 数据核字 (2023) 第 055996 号

责任编辑　黄新萍
封面设计　鲁明静
内文设计　鲁明静　汤　妮
图片处理　汤　妮
责任校对　陈　格
责任印制　卢　岳

出版发行　生活·讀書·新知　三联书店
　　　　　北京市东城区美术馆东街 22 号　100010
网　　址　www.sdxjpc.com
经　　销　新华书店
印　　刷　天津图文方嘉印刷有限公司
版　　次　2023 年 9 月北京第 1 版
　　　　　2023 年 9 月北京第 1 次印刷
开　　本　880 毫米 × 1230 毫米　1/32　印张 10.375
字　　数　130 千字　　　　图　数　198 幅
印　　数　0,001- 6,000 册
定　　价　98.00 元
　　　　　印装查询：01064002715；邮购查询：01084010542

目录 *Contents*

推荐序

汪家明

　　大约是 1999 年春，我去范用先生家聊天，他正因老朋友萧乾去世而难过，拿出一本 1947 年晨光出版公司印刷的《英国版画集》，告诉我，这是萧乾编选的，开本和样式都追摹鲁迅当年编选并写序的《苏联版画集》。我看了很喜欢，就回去重印出版了。其实，画集中的一些作品此前已被翻制印行，比如活跃于"二战"前后的女版画家格特鲁德·赫米斯（Gertrude Hermes）的花卉作品，尤其是那幅充满装饰风味的《花》，被许多报刊使用。我也曾惊讶于这幅版画的精致和气质，认为可以复制放大，挂在书房。2012 年商务印书馆出版收有三百多幅伦敦自然史博物馆珍藏画作的《发现之旅——历史上最伟大的十次自然探险》，掀起了一阵阅读和出版的热潮，其中许多 19 世纪的英国花卉图谱，笔触细密，可看出赫米斯的传承源头。

　　英国人和中国人审美之不同，从花鸟画上很可看出。18、

19世纪英国花鸟画的流行，似乎与博物学的兴盛相关——起初是旅行探险的博物学家，为了记录动植物标本而画。有的雇请随行画家，有的干脆自己动笔。不言而喻，科学标本需要记录哪些位置、突出什么，博物学家更明了。在这里，科学第一，审美第二。当时留下来的许多花卉图谱，除了花朵枝叶之外，还会在空白之处画花苞解剖图、枝干横切图等。中国的花鸟画有悠久历史，可是千百年来以写意为主，逸笔草草，重在生趣，不重细节；即便是重彩的工笔画，也是审美第一，无论科学的。中国人缺乏博物学的传统。李时珍《本草纲目》中虽有药草图一千余幅，但与英国博物绘画完全不是一回事儿。

博物学图谱的流行还和印刷有关。萧乾说："一部英国版画史本身便是一部印刷技术史。"由于花卉的丰富和美丽，它潜在的审美价值逐渐显现出来，普通人家挂一幅花卉图谱是很惬意的事情，可是手绘的图谱很难得到。随着印刷技术的进步，编号印发、几可乱真的复制品为大众所接受。到了19世纪中叶，分色套印技术愈加成熟，凯迪克、格林纳威的彩色儿童绘本吸引了全世界的目光，彩色花鸟图谱印刷品也更便宜易得。本书所依据的19世纪末出版的几百本《熟悉的花园之花》小册子，就是那个时期的珍本。可能是为了普通读者有能力购买，从而分册印制，其实这些作品1875年就已经出版了两大册精装合订本。

值得玩味的是，这位爱德华·休姆所绘，似乎不合科学标本惯例，是审美第一，科学第二，正如崔莹界定作者的职业，首先是"插画师"，其次才是"植物学家"。我猜，这种界定是不符合事实的——这些画作本来就是为科学考察而完成的，但符合感觉。相比同时期许多科学图谱，这些花儿不但色彩和造型美妙，而且显然包含绘者的情趣，堪比艺术家的创作；反之，正因为有科学的根基，这些画有筋有骨，一枝一叶一花一瓣都不含糊，胜常规静物画一筹，成为其特点和长处。这样说是否有点牵强？仁者见仁、智者见智吧！

崔莹如何会写这样一本书，她在自序中已经说了。她没有说的是，其实她对19世纪的英国绘本早有研究，已经写作出版了《英国插画师》《英国插画书拾珍》等，这两本书的内容也来自从古旧书店淘来的画本。我有时想象她身着简便的旅行装，身背相机，像她告诉我的那样，在欧洲大陆那些老牌书店里徜徉，时有发现，眼睛发亮，微笑漾在嘴角，如获至宝的样子，令我羡慕不已。这是爱书人最惬意的时刻。难得的是，除了寻宝收藏，几年来，她还一直努力，希望给这些古老而不陈旧的画作以新生。她先是借花发挥，写出一篇篇文章，将其和关于花的画作一起交媒体发表，几年后集结成书。

其实这些文章是很难写的。花的品种虽然不同，可是一般说来，无非是背景知识（历史、产地、习性），逸闻传说，感想感慨；主图只有一幅，文中附图一二幅……四五篇写下来还可以，十篇以上就很难不显得单调，连图书设计都容易死板。

如今书已完成，设计师还在调版，似乎无意之间，她已经解决了这个难题。说来也简单，就是从人文的角度，把个人生活融于其间。从小到大，她一直是爱花人中的爱花人，不仅爱花，而且有条件种花养花，有自己的小花园。远离家乡，生活宁静，除了满世界跑，回家后就与花相伴，以花为友，以花自比：

我不禁想到自己，从济南到北京，从北京到爱丁堡，在英国求学、工作十多年，一如这在角落里寂然开放的棣棠。不过，我可比它幸运多了呢！200多年前，它乘坐了快一年的轮船才到英国，而我只坐十多个小时飞机，就到了这个经常会很冷的异国他乡。棣棠耐寒，我也不怕冷。

—— 摘自本书第二节《棣棠，单身汉的纽扣》

不知为什么，看着这部可人的书稿，看着休姆笔下一簇簇高雅又蓬勃的花，我似乎看到八千公里外的崔莹，在一座英国老式别墅的门口，阳光斜斜照着她明媚的面容、灵动的笑眼和长长的辫子，有一种画意……不知为什么，无形的思绪又带着我，从这一百五十种（篇）花和散文，飞到另一本记录百花的作品集——1958年出版的郭沫若的《百花齐放》，一百首关于一百种花的诗，其中配有一百幅版画家的花卉作品，包括李桦、力群、沃渣、刘岘、王琦、黄永玉等，其中最多的是刘岘的作品，其风格明显受到赫米斯的影响。遗憾的是，这样一部大诗人、大画家的作品，却由于时代原因而被扭曲，早已被人遗忘。如此看来，崔莹不仅比棣棠幸运，也比曾写过话剧《棠棣之花》的郭沫若幸运得多。至于"棣棠"和"棠棣"名字为何颠倒，书中自有答案，请读者自赏。

2023 年 7 月 4 日北京十里堡

自 序

送你一朵小红花

我从小就喜欢花，扎马尾辫一定要系头花，穿裙子一定要穿带花图案的连衣裙，拿起笔最会画的也是花……我甚至给自己起了个"小花"的笔名。我在工厂的宿舍院里长大，住平房，房子后面有个封闭的小院，那里是我的伊甸园，十多岁的我便把它打造成了"百花园"。那时候，妈妈生病，爸爸要上班，又要照顾妈妈，我好像并没有一个幸福的童年，但是，和花花草草做伴，看它们四季轮换、生生不息，我的孤独、恐惧、焦虑，都随着花开花谢飘散了。

似乎有点儿"为赋新词强说愁"，毕竟我一直在忙，大概没有工夫胡思乱想呢！庆幸的是，我的童年是自由的。我和小伙伴们在住了 2000 多人的厂宿舍院里跑来跑去，野花和家花都成为我们的目标。我们小心翼翼地剥下乌黑的"地雷"，它们是紫茉莉的种子；我们不顾大人说夹竹桃有毒的劝告，用它们的花瓣染手指甲；我们把从地缝里冒出来的五颜六色的太阳花做成花冠戴在头上，自诩是公主；我们把茉莉花串成一串，戴在手腕上，走起路来都趾高气扬；我们发现蜀葵就像是发现了新大陆，比赛吃蜀葵花；我们也会吮吸一串红的花蜜，任那甘甜的滋味儿在嘴里回味无穷……我还记得，一个喜欢我的男生突然出现在我家门口，给我送来一包他刚爬树摘下的洋槐花。花，陪我长大，带给我无穷无尽的友情，温暖着我的童年。记不清哪一年，我清理了后花园的垃圾和杂草，种下牵牛花、地雷花、太阳花、鸡冠花……每天盼着它们发芽、开花。

其实，爸爸也喜欢花。虽然家里并不富裕，但是爸爸却养了不少盆花，有珊瑚豆、茉莉花、玻璃树、文竹……它们都是很便宜而常见的花，却是爸爸奉为至宝的花。我清清楚楚地记得，爸爸不会直接用自来水浇花，而是把水晾上一天，等水温和室温保持一致时，再浇花。爸爸性格沉闷，我和他的沟通并不多，花花草草便成为我们聊的为数不多的话题之一。我问爸爸，为什么同一棵珊瑚豆结出的果实却五颜六色？为什么马生菜开的花不能吃？为什么一碰害羞草，它的叶子就缩成一团？为什么《西游记》里的人参果可以使人长生不老？……爸爸经常被我问得哑口无言。于是，他从厂图书馆给我借来那个时代最火的《十万个为什么》。爸爸告诉我，他有个研究植物的三爷爷，这位三爷爷也是他最崇拜的人，上世纪 60 年代爸爸曾去北京找他，之后因为特殊原因失联了。我后来在爸爸的档案中得知，他说的这位三爷爷是中国著名的植物生理学家——

南开大学的崔澂教授。今天，我试图寻找我喜欢花的家族"基因"，大概可以追溯到爸爸，追溯到这位三爷爷。

喜欢花的种子埋在心里，并时而蠢蠢欲动。读高中时，我的一篇文章在当地晚报举办的征文活动中获奖，奖品有蛋糕、餐券和鲜花，我选择了鲜花。我载着这束鲜花，骑着单车，去我喜欢的初中班主任家做客，我把鲜花送给了他——这束鲜花是我用自己的能力赚取的第一份礼物。大学毕业后，去德高望重的女老师家做客，别的同学带去水果和鸡蛋，而我带去的是一束鲜花。有人认为鲜花华而不实，但没人会拒绝一束美丽的鲜花。

有了自己的收入后，我的房间里就再也不缺少鲜花了。无论在济南，还是北京，无论在中国，还是英国……哪里有鲜花店，哪个地铁口卖鲜花，哪家超市的鲜花种类多，我再熟悉不过。不过，很长一段时间里，我对花的喜爱仅仅停留在一束瓶花，直到我在英国有了自己的小花园。

我给它起名为"白桦山小花园"，因为家的地址"Carnbee"在苏格兰盖尔语中的含义是"白桦山"。我想象这里曾经是长满白桦树的小山丘，如今，它是我的第二个百花园，是一个真正的百花园。矮牵牛的花开成了瀑布，它的花期很长，两三个月过去了，它依然兴趣盎然地开着；惊艳的奥斯汀月季被蚜虫袭击得毫无回击之力，我在是否打除虫药问题上迟疑不决；泼辣的天竺葵开了一轮又一轮，虫子也敬它们三分，但它们会在第一次霜降时完美谢幕；紫杜鹃花在园子里扎根两年后才肯认真开花，原因是之前土壤不够酸；我对不起露薇花（Lewisia），它的英文名是用来纪念美国探险家梅里韦瑟·刘易斯（Meriwether Lewis）的，梅里韦瑟去世时只有 35 岁，而露薇花在我手中，因水涝而夭折；我最会种郁金香，每年 5 月，上百株颜色各异、亭亭玉立的郁金香在苏格兰柔和温暖的风中摇曳。我还种了黄水仙花、帚石楠、芍药、菊花、倒挂金钟、葡萄风信子、三色堇、百合花、希腊缬草、山茶花、黄花菜、雪花莲、康乃馨、洋牡丹、绣球、蝴蝶兰、蟹爪兰、长寿花、黑种草、蜀葵、桔梗花、鲁冰花、铁线莲和黄色虞美人……这些花伴我四季，陪我度过了无数个抑郁低沉的时刻。

这些年，随着更广泛的阅读，我对花的历史文化内涵也有了更多的了解。比如，英国浪漫主义诗人雪莱最喜欢三色堇，他在写给 25 岁去世的好朋友、英国诗人济慈的挽歌《阿多尼斯：约翰·济慈的挽歌》中，借助三色堇表达哀思，他写道："他的头上必将堆满三色堇，还有凋零的紫罗兰，白色、杂色、蓝色。"比如，美国诗人艾米莉·狄金森为花着迷，她的大部分诗作的灵感来自她家后花园的花。她写道："我年纪越大，越喜欢春天和春天的花。你也是这样吗？""美丽的花朵让我感到尴尬。它们让我后悔我不是一只蜜蜂。""我把自己藏在花里，那花正戴在你的胸膛，你也没料到已将我戴上，天使知道其余的情况。"比如，花通常象征美好和平，法国摄影师马克·吕布 1967 年在反越战游行时捕捉到一张发人深思的照片——《终极对抗：花与刺刀》，只见 17 岁的少女简·罗斯·卡斯米尔站在五角大楼前，用双手举着一朵小雏菊，勇敢面对一排举着刺刀的士兵。比如，凡·高热衷于画花，用花寄托自己的情感，他不仅画了向日葵，还画了鸢尾花、杏花、雏菊和康乃馨等。比如，在桑德罗·波提切利于1476年至1480年间创作的巨幅木板蛋彩画《春》中，花神一手提衣一手撒花，这一幕象征着生命的轮回。

后来，我喜欢上了淘旧插画书，对花主题的插画书更是爱不释手。一次偶然的机会，我在苏格兰的伏尔泰＆卢梭书店的角落里发现了几百册零散的小册子，这些出版于19世纪末的小册子名为《熟悉的花园之花》(*Familiar Garden Flowers*)，每本都有编号。小册子上覆着一层厚厚的灰尘，有的封页折损，有的几册一本，外面系着绳。我好奇地打开一本，惊喜交加！每本小册子都含有两种花的介绍，并含有两幅版画插画。这些彩色版画由英国插画师、植物学家爱德华·休姆（Edward Hulme）绘制，是手绘和石版彩印的完美结合。这类版画通常被博物馆、图书馆收藏，很难在市面上买到。我立刻买下了所有的小册子。此后，我一直把它们视若珍宝，放在书架最显眼的地方，也希望能有机会赋予它们新生。

没想到的是，这个机会在2020年新冠肺炎疫情于世界各地肆虐的时候到来。这一年的3月23日，英国政府宣布实施封城措施，呼吁人们"待在家里"，以遏制新冠肺炎疫情扩散，但允许人们一天出来一次锻炼身体。于是，我开始在家附近散步，发现了有近25万株黄水仙花的圣凯瑟琳花园；于是，我第一次到访家附近的小树林，看到漫山遍野的野生花毛茛；于是，我在几公里外的埃斯克山谷，邂逅缀满山崖的报春花；于是，我在离家 10 分钟车程的地方，被如梦似幻的野韭菜花折服；于是，我在不远的小河边，认识了一种长得像毛毛虫的植物——菁草；于是，我在相邻的居民区，拍到形状像是挑着一排排心形灯笼的荷包牡丹；于是，我在家斜对面的路边，看见一片片红缬草……整整一年，我凭着拍图识花软件，认识了上千种花，但有些花又很快忘掉。如同认识的新朋友，有些印象深刻，有些则相忘于江湖。美国艺术家乔治亚·欧姬芙的话语令我心生感触："没人去观察花，真的，花太小，看花又费时间，我们都没有时间，看花需要花时间，如同交朋友也需要花时间。"

我决定花些时间，认真认识这些花，如同认识一位位新朋友。除了了解它们的颜色、外形特征和生长习性，我还要了解它们的脾气和性格，了解它们的前世今生。从哪里开始呢？我想到爱德华·休姆的版画，我要让这些被尘封了一个多世纪的英国古典版画穿越时空，与世人重新相见。我在这些小册子中选择了或熟悉、或似曾相识、或完全陌生的花，通过看书查资料、向周围朋友打听，正式认识了 150 位"朋友"，它们就是《花之语——英国古典版画里的花草秘事》这本书的主角。

书中有桀骜不驯，最能代表苏格兰精神的帚石楠；有能够治病疗伤，在"一战"中立下汗马功劳的矢车菊；有安徒生的最爱，象征无法停留的爱的蒲公英；有能变成痒痒粉，被夏洛蒂·勃朗特画过的犬蔷薇；有出现在阿加莎·克里斯蒂的侦探小说《死亡约会》中的谋杀罪犯的帮凶狐狸手套；有被苏格兰从中国带到英国的棣棠……这些性格和经历迥异的花在不同的时空和文化中穿梭，将人与自然、历史与文明、文化与情感联结在一起。

在写作过程中，这些花继续唤起我的回忆：康乃馨让我想起妈妈，妈妈最喜欢的是插在两个小狮子模样的瓷瓶里的塑料花，而我从来没有给妈妈送过花；英国的山楂花虽然结不出中国的山楂果，却让我想到小时候最爱吃的山楂片，那是爸爸对我考 100 分的奖励；不同于中国的水仙花，英国的水仙花顽强泼辣，在野外生长，但两者拥有同样的英文名字，而教我"水仙花"英文名读写的老师却不知去向；我曾经多么喜欢蒲公英啊，希望能像它们那样随风去远方，不必知道终点在哪儿……

现在，我把我认识的这 150 种花介绍给您，希望它们也能够成为您的朋友。这 150 种花，每种花都有打动人的某种品质，如同每个人的身上都有某个闪光点。这些花的共同点是它们都在努力盛开。泰戈尔说："生如夏花之绚烂，死如秋叶之静美。"人生苦短，生命应该像花儿一样绽放。所以，我要送你一朵小红花！让我们努力绽放——像冬青那样善良，像诚实花那样磊落，像鸢尾那样勇敢，像牛眼菊那样顽强，像虞美人那样深情，像山茶花那样决绝……

《花之语——英国古典版画里的花草秘事》中，除了有爱德华·休姆绘制的150幅彩色版画插画，在详细介绍的24种花中，每种还配有两幅黑白插画，它们是小册子中介绍该花文章的首图和尾图，首图同时也是首字母的装饰图。这些黑白插画由众多工匠合作完成。为了尽量准确呈现花的名字，我在介绍每种花时，除了标注该花的英文名外，也根据小册子里的信息，标注了该植物当年的拉丁文学名。时过境迁，如今，部分花的拉丁文学名发生了变化。

我在书稿写作过程中参阅了大量文献和资料，特别是博物学知识，大部分来自《不列颠百科全书》《英国皇家园艺学会植物学指南》和"英国花园协会植物数据库"及JSTOR资料库等。同一植物在不同地区，不同气候条件下，其生长习性会有所差异，书中的博物学知识主要参考英国的生长环境。但这些花大都已经遍布世界各地，自然也包括中国的各个角落。我希望您通过这些版画和文字，能够先"大概"认识这些花，了解它们的秘密，然后走出房间，走向大自然，去邂逅它们。

致　谢

　　在本书的写作过程中，我有幸得到很多人的帮助和支持，在此谨致以衷心的感谢。

　　我衷心地感谢《环球人物》杂志。这本书中的部分篇目曾在《环球人物》杂志以专栏形式连载，因为有交稿期限，我才能有条不紊地完成了部分文稿。因此我要特别感谢该杂志社的李璐璐女士、尹洁女士、许沉静女士和凌云先生。感谢尹洁女士邀请我在《环球人物》开专栏，感谢您的信任。感谢李璐璐女士尽职尽责地编稿。同时感谢邱嘉秋先生的热情引荐。

　　我衷心地感谢汪家明先生。感谢您百忙之中为拙作赐序，感谢您在书稿创作之初，就为我提出很多宝贵的建议，这些建议奠定了本书的基础。感谢您向我推荐了众多与植物、自然相关的著作，这些作品给我带来很多启发。也感谢您对我的肯定和鼓励，感谢您倾听我的写作计划，并鞭策我将其付诸笔下。

　　我衷心地感谢书稿的责编黄新萍女士。感谢您的睿智见解，感谢您严谨、细致地审稿，感谢您为这本书的出版付出大量的时间和心血，也感谢您的善解人意，当我需要帮助时，您总是有求必应。我衷心地感谢美编鲁明静女士。感谢您隽永清新的才思，没有您的辛勤付出，这本书不会这么好看。我非常感谢上海辰山植物园的植物专家刘夙先生。感谢您帮我核查书中花的英文译名，指正我的几处错误。感谢您详细地列出书中涉及的100多种花的学名变迁，以及对其"种中文名"的建议。您的无私帮助增加了这部书稿的科学性，也让这部书稿更加完整。我特别感谢我的先生崔尼克，感谢您陪我散步，和我一起观察每一朵花。要感谢的人还有王竞女士、于枫女士，谢谢你们为书稿出版提出的宝贵建议。

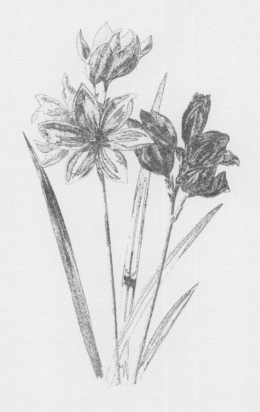

1

山茶花，
桀骜不驯的爱

Camellia, Camellia japonica

又到岁末，山茶花又一次迎来属于它的季节。天寒地冻里，那或红或白或粉的明艳花朵为人们带来一丝丝暖意，带来对春天的向往，令人春心萌动。如此，用山茶花代表爱情再合适不过了，它在单薄的生命中聚拢起一团温暖，让未来的每一天都充满美好。

来自中国的山茶花

备受欧洲人喜爱的山茶花实际上来自中国。17、18 世纪，随着欧亚大陆频繁的商贸往来，山茶花得以漂洋过海。欧洲有据可查的关于山茶花的最早的文字记载来自德国医生安德烈亚斯·克莱尔。克莱尔曾于 17 世纪 80 年代到亚洲做生意。1689 年，他的部分信件发表，信中提到一幅山茶花的东方版画。

1743 年，被誉为"英国鸟类学之父"的乔治·爱德华兹出版了

山茶花

CAMELLIA

《罕见鸟类博物志》，书中含有一只孔雀雉栖息在一棵山茶花树上的图片，这是在欧洲出现得最早的山茶花的画像。最初，大多数英国人根本分不清茶树和山茶花，直到 1753 年动植物分类学鼻祖、瑞典生物学家卡尔·林奈发表《植物种志》时才改变了这一状况。林奈在书中首次提出"茶属"和"山茶属"，将茶树和山茶花区分开来。林奈不仅为植物分类，也为植物命了名。为那些刚刚发现的新植物命名，是一件非常重要的事情。林奈在为山茶花命名时想起了捷克传教士乔治·约瑟夫·卡马勒。卡马勒是耶稣会医生，也是植物药用研究专家，曾远赴菲律宾寻找药草，在那里一待就是 20 多年。为纪念卡马勒对世界医药的贡献，林奈依照他的姓氏"Kamel"给山茶花起了拉丁语名"Camellia"。

而最早将山茶花从中国带到英国的是一个苏格兰人。1689 年，苏格兰外科医生詹姆斯·昆宁汉姆随英国东印度公司来到中国，他的工作是为来这里工作的英国人治病。昆宁汉姆对植物很感兴趣，工作之余喜欢在野外采集、制作植物标本，中国南部丰富的植物物种让他兴奋不已。他在中国期间制作了大量植物标本，其中便包括在"Amoy"（现在的厦门）采集制作的山茶花的标本。这些标本被带到了英国，几经辗转，"落户"伦敦自然历史博物馆。这是怎样一个过程呢？原来，昆宁汉姆将标本交给了英国植物收藏家詹姆斯·佩蒂夫，佩蒂夫去世后，他的收藏到了英国博物学家、内科医生和收藏家汉斯·斯隆的手中，而斯隆正是大英博物馆的创始人。斯隆的藏品不仅是大英博物馆的馆藏基础，也是伦敦自然历史博物馆和大英图书馆的基础。

山茶花标本引起了英国人对山茶花的极大兴趣，到 18 世纪，英国也有了活着的山茶花。1772 年 11 月，英国商人约翰·布莱德比·布莱克首次将新鲜的山茶花引进英国。他在写给父亲的信件中提到，他从中国邮寄了 10 株山茶花给邱园的园长威廉·埃顿先生，而这 10 株山茶花成为英国人研究这种新物种的第一手资料。

小仲马的《茶花女》

19 世纪中期，山茶花在欧洲不再只是一种花的名字，而和一个凄惨的爱情故事联系在一起。法国作家小仲马在《茶花女》中写道："一个月里，有二十五天她戴着白色茶花，其余五天则换上红色茶花。"小仲马描述的这个女子是乡村姑娘玛格丽特。她喜欢山茶花，除了山茶花以外，没人见到她戴过其他的花，因此她获得了"茶花女"这个外号。玛格丽特为生活所迫，不得不开始卖笑生涯，不想却遇到外省青年阿尔芒，两人真心相爱并同居。玛格丽特曾送给阿尔芒一朵山茶花，用花表露情愫。此时，山茶花象征着纯洁的爱情。然而，阿尔芒的父亲迪瓦尔先生不能接受玛格丽特，蛮横干涉二人的关系。玛格丽特为心上人未来的幸福考虑，决定放下这份爱情。她随便找了个理由搪塞阿尔芒，阿尔芒却以为玛格丽特背叛了爱情，对她冷嘲热讽，玛格丽特悲痛而亡。后来，得知真相的阿尔芒怀着无限的悔恨与惆怅，来到玛格丽特的坟前，并在坟前摆满了白色的山茶花。此时，山茶花象征了玛格丽特的善良纯洁，也标志着她奋不顾身的爱。

《茶花女》是小仲马根据自己的真实经历创作的。茶花女的原型是巴黎名妓玛丽·杜普莱西。小仲马在 21 岁时遇到了杜普莱西，两人一见钟情。小仲马当时想成为一名作家，而杜普莱西是名妓。杜普莱西认识小仲马时已经患上了肺结核，时日不多。医生建议她多休息，但她照样赌博玩乐，像什么事情都没有发生过一样。小仲马和杜普莱西的恋爱热烈而短暂，最终以杜普莱西的死告终。这段关系让小仲马念念不忘，催生了他笔下的这部爱情绝唱。而山茶花，也正是杜普莱西生前最喜欢的花。

1853 年，意大利剧作家弗朗奇斯科·马里亚·皮亚韦将《茶花女》改编成歌剧脚本，意大利作曲家朱塞佩·威尔第为其作曲，创作了三幕歌剧《茶花女》。160 多年来，《茶花女》的小说和歌剧代代相传，成为经典之作，让山茶花在欧洲家喻户晓。

喜欢山茶花的女人们

英国女王伊丽莎白二世的妈妈伊丽莎白王太后生前是山茶花的狂热追捧者。她的花园里种了很多山茶花。她去世后，人们特意将一朵摘自她花园的山茶花摆放在她的棺木上。此外，伊丽莎白二世女王本人也和山茶花有着密切的关联。1953 年，美国园丁为纪念她加冕，将一种粉色的山茶花命名为"女王陛下伊丽莎白二世"（Her Majesty Queen Elizabeth Ⅱ）。用人的名字为花命名，名字和花一起流芳百世，既有趣又有意义。这样的命名方式似乎也已经成为一种传统，比如英国有一种玫瑰花的名字叫"肯特郡的亚历山德拉公主"（Princess Alexandra of Kent）。

美国女作家哈珀·李也喜欢山茶花，她在代表作《杀死一只知更鸟》中赋予山茶花特殊的含义。《杀死一只知更鸟》讲的是20世纪30年代，美国律师阿提克斯·芬奇试图证明一个名叫汤姆·鲁滨逊的黑人被诬陷，并没有强奸一个白人女子的故事。故事中，杜博斯太太是个脾气很坏、没有耐心、歧视黑人的种族主义者。一天，愤怒的小杰姆把她花园里的山茶花都摘了下来。小杰姆的父亲，也就是律师芬奇得知儿子闯了祸，要他去向杜博斯太太道歉，并且命令他每天去她家为她朗读，小杰姆只得照办。在小杰姆的陪伴下，杜博斯太太的偏见逐渐消失。她去世前送给小杰姆一朵白色的山茶花，这朵洁白无瑕的山茶花象征了小杰姆的宽容和耐心。

山茶花是法国时装设计师加布丽埃勒·香奈儿最钟爱的花。据说，她13岁那年，在观看莎拉·伯恩哈特出演的《茶花女》时，被女主角戴的山茶花吸引。山茶花简洁素雅，在寒冬时独自绽放，即使凋落，也是整朵花掉下来，桀骜不驯，香奈儿觉得它跟自己很像。香奈儿的情人英国富商阿瑟·卡伯送给她的第一束花便是山茶花。于是，在香奈儿的心目中，山茶花代表着爱情。卡伯给了香奈儿很多资助，也是她设计灵感的来源。两人彼此相爱九年，但卡伯却娶了英国的名媛。香奈儿的命运和《茶花女》中的玛格丽特何其相似。贫民出身的她最终也只能做卡伯的情人。1919年，卡伯因车祸意外身亡，备受打击的香奈儿只能在工作中消解悲伤。她喜欢的山茶花后来成为香奈儿系列产品的标志，变成了丝绸胸针、皮革贴花，或是雕刻在衬衫的纽扣上，无时无刻不在提醒她那段刻骨铭心的爱情。

山茶花不惧寒冷，在冬季悄然盛开，隐忍而高傲，在生命的终点，整朵花掉落，决绝凛冽。《茶花女》中的玛格丽特和设计师香奈儿都像极了山茶花。玛格丽特为了爱情可以飞蛾扑火，可以放弃一切，包括生命，而香奈儿为了挚爱，不惜忍辱负重，卑微到了尘埃里。这些凄美的爱情最终都成为永恒的爱情绝唱，温暖着世人心，如同山茶花给寒冬带去了暖意和希望。

2

棣棠，
单身汉的纽扣

Double Kerria, Kerria japonica

3 月里寻常的一天，天气不算暖和，我在家附近的公交车站等车，突然看到一簇从旁边篱笆缝隙中探身而出的小黄花：纤长的枝条缀满花朵，花瓣繁复浓密，有点像小菊花。这花似曾相识，哦，是棣棠！故乡大明湖畔也有一模一样的金黄花朵，它们在气候转暖时盛开，不惧风吹雨打，花也不易凋落，棣棠开花时，"满城尽带黄金甲"。

200 多年前，从中国来到英国

棣棠，也叫黄榆叶梅、土黄条，它和迎春花有点像，比如两者都在早春盛开，花朵都呈金黄色。但我觉得两者存在明显的不同：迎春花秀美清新，棣棠花繁盛灿烂。无论如何，我很开心能在苏格兰看到故乡的花。有趣的是，200 多年前，棣棠花正是由一个苏格兰人从中国带到英国的。

棣棠

DOUBLE KERRIA

19 世纪初，伴随着大航海时代的大潮，前往世界各地探险、寻求新事物的英国人越来越多，其中就包括达尔文。达尔文的《物种起源》便得益于他的数次航海探险。在达尔文探险的同一时期，苏格兰人威廉·科尔正在东方收集各种植物，并陆续将包括棣棠在内的 230 多种植物从亚洲引进到了英国。

科尔出生于苏格兰的霍伊克小镇，最初在伦敦担任皇家植物园邱园的园丁。英国探险家和博物学家约瑟夫·班克斯发现他在植物辨识和培育方面的潜质，便派他前往亚洲搜集新植物。科尔随英国东印度公司的船，经过近一年的海上颠簸，于 1805 年左右到达了中国。他在广东生活了八年，在当地采集了棣棠、卷丹、南天竹和秋海棠等植物，并通过海运将它们运到邱园。

但不幸的是，科尔在这期间吸食鸦片成瘾，甚至无法继续正常工作。1814 年，科尔在斯里兰卡的科伦坡去世，去世时只有 35 岁。后人用他的名字为棣棠花命名，即"Kerria japonica"，纪念这位英国历史上最早的植物猎手。

如今，在科尔的家乡霍伊克小镇，这位热爱探险、为英国物种多样性做出重大贡献的苏格兰青年依然被人们铭记着。几年前，当地的边境酒厂还推出了威廉·科尔边境琴酒。据说该酒中含有多种植物成分，包括杜松子、当归、香菜种、甘草根和决明子皮等。用植物酒纪念热爱植物的科尔，既卖了酒，又让人想起他的传奇经历。

单身汉的纽扣

棣棠在英国有一个很特别的名字——"单身汉的纽扣"。据说，如果一个男孩暗恋上一个女孩，并希望和对方约会，那么可以戴上棣棠花预测两人的未来。如果这朵花不枯萎，就意味着他的爱会得到回报。男孩能戴，女孩也能戴。不过，女孩戴上棣棠花却是在表明：我现在单身，想赶紧嫁人！女孩有时也会把棣棠花藏在围裙下，以保佑自己能嫁个如意郎君。棣棠之外，英国人也把矢车菊称为"单身汉的纽扣"。矢车菊的形状和棣棠花很像，据说，两者同获此名的原因是，它们都具有放射状的花型，适合装饰男士的西装。

棣棠的另一个名字是"犹太锦葵"，但这个名字很可能是前人乌龙的结果，大概因为两者的叶子长得很像。"犹太锦葵"更应该是一种名叫"molokhia"的黄麻属植物，而非棣棠。"犹太锦葵"是一种古老的植物，既是做绳索和麻线的原材料，又可以用作盆栽草药。传说埃及艳后每天都喝"犹太锦葵汤"，这是她的美颜秘籍。"犹太锦葵"如今依然是备受犹太人喜欢的食材。此处，棣棠似乎徒有虚名，但它也并非庸才，虽然不能帮女孩美容，但药用价值极大，可以治疗久咳和风湿性关节炎等。

黄灿灿的棣棠还可以给人满满的正能量。英国诗人萨拉·马奎尔曾在波兰遇到它，她在诗歌《五一，1986》中写道："昨天华沙的天气和伦敦的一样：晴朗，18℃……我凝视着天空，直到我可以看到的都是我眼睛中的死细胞，它们在跳跃，在倒下。太黑了，我无法阅读——只有墙边的一大片棣棠，亮亮堂堂。"在这里，棣棠代表着希望。

被起错了的花名

在欧洲植物界，关于棣棠的重大争执之一曾经是：棣棠原产于日本，还是中国？这个问题很快有了答案。

在中国，关于棣棠最早的文字记载可以追溯到唐朝。李商隐在《寄罗劭兴》中写道："棠棣黄花发，忘忧碧叶齐。"虽称其为"棠棣"，但他描述的其实是开着小黄花的棣棠。而日本有据可考的种植棣棠的记录出现在 1700 年前后。大概因为欧洲人最先在日本接触到棣棠，所以误以为它原产于日本。有些欧洲人甚至将其称为"日本玫瑰"。并且，以科尔名字命名的棣棠的英文名"Kerria japonica"也含有"日本"的意思，因为英文单词"japonica"指的就是和日本有关的东西。

好在英国植物界早已意识到了这个错误，承认虽然棣棠的名称和日本有关，但它的原产地是中国的西部和中部地区。如今，被起错了的英文花名很难被纠正，但它似乎时刻在提醒：200 多年前，英国人和其他欧洲人曾经自以为是。

实际上，被李商隐张冠李戴了的棠棣也确有其物。"棠棣"一词出自《诗经·小雅》，亦写作"常棣"，即郁李。后人常用"棠棣之花"指兄弟情深。棠棣和棣棠大相径庭，棠棣花多呈白色或粉红色，而棣棠花多呈黄色。

当年，科尔去世没多久，他带给邱园的棣棠便在英国遍地开花。

到 1838 年时，英国几乎所有地段，包括贫民区都能看到棣棠的身影。因为英国人当时就了解到棣棠容易成活，也不需要怎么照料，于是经常把它们种在阴暗的角落里，或朝南的墙边。棣棠毫无怨言地美化着这些不太讨人喜欢的地段。《中大西洋种花指南》也指出："棣棠可以在春天、夏天和秋天生长，无论在阳光下还是背阴处，甚至在很干燥的环境里，也可以盛开。棣棠对所种植的土壤也没有什么要求，几乎在任何排水良好、有点湿润、有点肥沃的土壤里都可以茁壮生长。"因其个性泼辣，棣棠曾被英国皇家园艺学会评为"花园优等花"。棣棠随遇而安，这大概是它能够拥有旺盛生命力的原因。

我不禁想到自己，从济南到北京，从北京到爱丁堡，在英国求学、工作十多年，一如这在角落里寂然开放的棣棠。不过，我可比它幸运多了呢！200 多年前，它乘坐了快一年的轮船才到英国，而我只坐十多个小时飞机，就到了这个经常会很冷的异国他乡。棣棠耐寒，我也不怕冷。

3

康乃馨，
邦德领口的那一抹风韵

Clove Carnation, Dianthus caryophyllus

康乃馨算得上是英国最普及的花了，因为一年四季都可以在出售鲜花的超市里找到它，并且，它的价格也最亲民，一杯咖啡的钱就可以买到一大束康乃馨。

牛津学子的幸运花

在相当长一段时间里，我对康乃馨的主要认知是，它是母亲节之花。我的很多友人也经常把康乃馨和母亲联系在一起。这个传统源于大洋彼岸的美国，已有 100 多年历史。美国社会活动家安娜·贾维斯于 20 世纪初倡导设立了母亲节，而康乃馨是她妈妈最喜欢的花。众多商家看到这个商机，便在母亲节那天兜售康乃馨，以至于后来连官方也默认了康乃馨和母亲节的关联。1934 年，美国邮政总局发行了一张纪念母亲节的邮票，画面中便有康乃馨的身影。这张邮票选用美国画家詹姆斯·惠斯勒画的母亲肖像为主图，左下角是一只插

康乃馨

CLOVE CARNATION

满康乃馨的花瓶。有趣的是，惠斯勒的原作中并没有花，邮票中的康乃馨是设计者后加上去的。康乃馨被赋予的这个象征意义很快被更广泛的大众接受。

康乃馨是非常容易养的花，我在自家小花园里种了两株，种下没多久，它们就孕育出一大堆花骨朵。康乃馨的花期很长，若将其剪枝插在花瓶里，也可以存活很久。这种蓬勃的生命力像极了母爱。并且，康乃馨的花朵五颜六色，据说有上百种。这些不同颜色的康乃馨仿佛是母亲培养出的不同天性的孩子。

除了象征母爱，康乃馨还是牛津学霸的幸运符。牛津学子们喜欢穿黑色学院服，戴康乃馨上考场，这是考出好成绩的秘招儿！这不是空穴来风，牛津大学的官网上清清楚楚地列着这样的要求：第一场考试戴白色康乃馨，中场考试戴粉红色康乃馨，最后一场考试戴红色康乃馨。为何要分别戴三枝不同颜色的康乃馨？它们有何寓意？一种说法认为，考生在刚开始考试时把白色康乃馨放在红色墨水瓶里，几天后，花的颜色变成了深红色。另一种说法有些暗黑，认为花的颜色变化象征考生所获得的知识像鲜血一样从心脏流入考卷。不管是怎样的来龙去脉，考试期间在牛津大学附近卖康乃馨，一定会是门好生意呢。

詹姆斯·邦德先生也对康乃馨情有独钟。在 1964 年的电影《007：金手指》和 1971 年的电影《007：金刚钻》中，都可见邦德的扮演者肖恩·康纳利的西装翻领扣眼里插着红色康乃馨；在 1969 年的电影《007：女王密使》中，乔治·拉赞贝扮演的邦德戴着白色康乃馨和娇妻举行婚礼；在 1985 年的电影《007：雷霆杀机》中，罗杰·摩尔扮演的邦德戴的是白色康乃馨；丹尼尔·克雷格扮演的第六任邦德也不例外，他在《007：幽灵党》中戴过一朵红色康乃馨。各位邦德先生都很讲究，他们从不会用别针把康乃馨别在胸前，而是无一例外地将花插在翻领的扣眼里。

西班牙的国花

康乃馨是土生土长的欧洲花。在爱德华·休姆绘制的这套《熟悉的花园之花》中，文字作者、英国园林作家雪利·希伯德指出："毫无疑问，它是源自欧洲南部（现在的西班牙）的一种野花；根据古罗马博物学家老普林尼编著的《博物志》记载，恺撒时期，人们最先在西班牙发现了康乃馨。"当时，康乃馨被称为"cantabrica"，西班牙人用它做调料，给葡萄酒增加辣味。

如今，这种花已经在英国种了上千年，是英国最古老的花卉之一。有人认为它最早由罗马人带到英国，因为罗马人曾用康乃馨制作花冠，而它们的名字就是证据。康乃馨的英文名"carnation"和加冕的英文单词"coronation"很接近。康乃馨的传播方式也很有趣。据说一个罗马士兵的靴子上沾了泥，泥中恰好有康乃馨的种子，就这样康乃馨不知不觉地被带到了英国。但学者分析更有可能的传播方式是：罗马士兵带着康乃馨的种子来到英国，并在异国他乡种下它们。这如同17世纪从英国前往北美的移民，将带去的康乃馨种子撒在新家园的土地上。

然而，有些人并不赞同英国康乃馨的"古罗马血统"，认为是北欧诺曼人将它们带到英国的，证据是后人在很多座由诺曼人建造的英国城堡里发现了大量早期康乃馨。

大概因为康乃馨原产于西班牙，西班牙人将其定为国花。在西班牙，康乃馨象征爱、关怀和敬佩。浅红色康乃馨寓意敬佩，深红色康乃馨寓意矢志不渝。人们用康乃馨图案装饰玻璃窗，跳弗拉门戈舞蹈的西班牙女郎戴的头花也是康乃馨。你若前往西班牙南部的安达卢西亚旅行，看到小伙子嘴里叼着红色康乃馨，弹着西班牙吉他，千万不要大惊小怪——他正向恋人求婚呢。

康乃馨还身兼更多重任。古希腊人将康乃馨视为宙斯的标志，康乃馨在古希腊语中的本义就是神圣之花。古希腊人和古罗马人都喜欢用白色康乃馨作饰品，以体现他们尊贵的身份。康乃馨在中世纪象征忠诚和美满幸福，人们将其作为新婚礼物送人。每年圣帕特里克节期间，爱尔兰人会将绿色康乃馨摆在桌子上。假如没有那么多绿色康乃馨怎么办？染成绿色的康乃馨也算！在希腊的音乐节上，人们还会向表演者抛康乃馨，以表达感谢和敬意。

文人画家皆爱康乃馨

康乃馨给众多文人带去灵感，成为他们颂咏的对象。14世纪小说家、诗人乔叟这样描述康乃馨："春日里的植物，在问候在微笑，包括甘草和缬草，更多的是康乃馨。"莎士比亚在《冬天的故事》中描写康乃馨："这时节最美的花要数康乃馨和斑石竹，后者被称为大自然的私生子。"诗人拜伦赞美康乃馨"像是熟睡着的婴儿的脸蛋儿"。英国小说家罗伯特·S.希琴斯在他的小说《绿色的康乃馨》中用绿色康乃馨象征主人公不惧风险，将生命彻底绽放的精神。

画家们也钟爱康乃馨。美国画家约翰·辛格·萨金特、捷克画家阿尔丰斯·穆夏，以及英国街头涂鸦画家班克斯都曾以康乃馨入画。我对穆夏的《康乃馨》印象深刻：一位丰盈的女子站在五颜六色的康乃馨花丛中，她右手拿着一枝康乃馨，回眸一笑。这幅画是穆夏代表作《花系列》中的一幅，可见穆夏对康乃馨的喜爱之情。臭名昭著的希特勒也喜欢画康乃馨，他画的一幅康乃馨水彩画在 2015 年德国纽伦堡的拍卖会上卖了 5.2 万英镑。

英国女王伊丽莎白二世对康乃馨也有偏爱，当她在白金汉宫设国宴招待西班牙国王费利佩六世时，英国皇室的推特账号发表了一组国宴图片，只见餐桌上的银盘、银碟等餐具都被系上了大红色的康乃馨。

从牛津大学的考试花，到邦德先生的独宠花；从古罗马的神圣之花，到希腊的婚礼花；从诗人的笔尖，到画家的画布，看似普通、大众化的康乃馨拥有这么多的寓意，它不再只是母亲节之花。此时，我的房间里正摆着一束黄色红边的康乃馨，我看着它，思绪久远，上下千年。

4

水仙花，
春天的欢乐舞蹈

Daffodil, Narcissus pseudo-narcissus

"我是一朵独自漫游的云。在山丘和谷地上飘荡，忽然间我看见一片金色的水仙花迎春开放，在树荫下，在湖水边，迎着微风起舞翩翩。"几乎所有英国人都熟知这首名叫《水仙》的诗歌，它是英国桂冠诗人华兹华斯的诗句。因为华兹华斯，英国的水仙花声名远扬。每年春天，英国各地都布满了黄色的水仙花海，它们给人们带来一个明媚而清香的春天。

水仙花，自恋之花

英国人通常用"daffodil"称呼水仙花，我不由得想起中学就学过的英文单词"narcissus"，原来"narcissus"是水仙花的拉丁名。这个名字的由来和希腊美少年那喀索斯（即"Narcissus"的音译）有关。

古罗马诗人奥维德在其编著的神话集《变形记》中讲了这样一个

水仙花

DAFFODIL

故事：那喀索斯是河神克菲索斯和仙女莱里奥普的儿子，他英俊潇洒，人见人爱。母亲关心儿子的未来，便向盲人预言家忒瑞西阿斯请教，结果被告知：那喀索斯不能正确地认识他自己，他若一直这样，很快会变老。但那喀索斯还没有机会变老，就因自恋而丧命。

山林女神艾可是一个美丽的姑娘，她偶然邂逅那喀索斯，并对他一见钟情。她偷偷跟在对方身后，等待他注意到自己。那喀索斯趁同伴不在身边时大喊道："有人吗？"艾可回答："在这儿。"那喀索斯朝四周看看，什么都没有看到。他继续喊道："出来，为什么不让我看见你？让我们一起走吧！"艾可同意并现身。然而，当艾可想要拥抱心上人时，那喀索斯却突然后退，喊道："别碰我！我宁愿死，也不愿让你占有我！"说完便迅速离开，头也不回。那喀索斯只爱他自己。艾可羞愧难当，只好躲进了山洞，她从此为爱神伤，日渐消瘦，最终化为枯骨，只剩回声在山谷里飘荡。得知此事的复仇女神涅墨西斯决定替艾可好好教训一下这个无情的男人。在复仇女神的干预下，那喀索斯爱上了他自己的倒影，并最终为得到这个倒影溺水而亡。他去世的岸边长出一株株娇黄的水仙花，这些水仙花被认为是那喀索斯的化身。因此，水仙花也被称作"恋影花"，而"narcissus"本身就含有自恋的意思。

故事还没完。冥界王后珀耳塞福涅被开在岸边的柔美的水仙花吸引，便将它们带入了冥界。从此，冥界的草坪上布满水仙花。它们静静注视着冥界的河，欣赏水中自己的倒影。于是，人们也把水仙花当成"死亡之花"和"地狱之花"。后人在古埃及的坟墓中也发现了水仙花的图案。

苏格兰的"水仙花之王"

自恋、死亡、地狱，拥有这些寓意的水仙花似乎并不讨喜，但它却被越来越多的诗人和作家颂咏。

1802 年 4 月 15 日，华兹华斯和妹妹多萝西在湖区散步时遇见漫山遍野的水仙花。那是一片灿烂的黄花，花形像小喇叭。美丽的景色令两人都兴奋不已。多萝西在日记里写道："有些花把头靠在石头上，像是累了枕在枕头上，其余的花则漫不经心地昂着头。它们互相拥抱着，或在跳舞，又好像伴随从湖面吹来的风笑着。它们看起来有无穷尽的快乐。"哥哥在看过妹妹的这段文字后诗性大发，写下《水仙》。多萝西敏感善于观察，哥哥下笔即成诗，两人经常互相启发，给彼此灵感。华兹华斯曾说过是妹妹给了他"一双耳朵"和"一双眼睛"，这首《水仙》也是兄妹情深的见证。

水仙花是春天的使者，代表希望和新生，而黄色又是一种温暖的颜色。大概因为这些与身俱来的特质，它们越来越多地出现在文人墨客笔下的篇章里。诗人埃德蒙·斯宾塞写道："让白色的水仙花铺满大地";莎士比亚在《冬天的故事》中描写水仙花:"当水仙花初放它的娇黄","在燕子尚未归来之前,就已经大胆开放,丰姿招展地迎着三月之和风的水仙花";济慈写水仙花:"生活在绿色的世界中","能够带来永远的快乐,并以某种形式的美丽让苍白毫无影踪";雪莱写水仙花:"一种最美的花,它们注视着溪流的深处";童书作者 A.A. 米尔恩也写水仙花:"她戴着黄色的太阳帽,她穿着最绿的礼服。她转向南风,并上下行屈膝礼。她转向阳光,摇了摇头,并低声对她的邻居说:冬天结束了。"

一个名叫彼得·巴尔的苏格兰男子对水仙花喜欢到发狂。1826年,巴尔在苏格兰格拉斯哥附近的加文小镇出生,他原本是一名种子商人,受英国植物学家约翰·帕金森的经典著作《植物学剧场》的启发,投身水仙花栽培事业。巴尔的疯狂之举是他曾到世界各地收集水仙花。他在西班牙和葡萄牙骑着驴子找花,累了就睡在岩石下,有一次,他差点被警察当成土匪抓走。巴尔 70 多岁时还曾到南美、日本和中国寻找水仙花,并且一去就是七年。

实际上,在巴尔所处的年代,水仙花并不受宠,有人分析这是因为维多利亚女王不喜欢黄色,而水仙花大都是黄色的。但巴尔才不管这一套。他在萨里的花园种植了 200 多万株水仙花,这些花盛开之时,美丽又壮观,连当地报纸都争相报道,呼吁读者赶紧坐火车去看。巴尔培育出了大量水仙花新品种,并用自己的名字为其中一种白色喇叭形状的水仙花命名。这种新品种水仙花在 1903 年卖出了每枝50 英镑的价钱(相当于今天的 5000 英镑)。看来,稀世之花和窈窕淑女一样,都能够得到君子的青睐。巴尔也被称为"水仙花之王"。

居里夫人慈善机构之花

斗转星移,水仙花被赋予越来越多的使命。威尔士公国把水仙花定为国花,每年3月1日的圣大卫日,也就是威尔士的国庆节,人们会手持一束水仙花,或戴着水仙花造型的饰品,参加各类纪念活动。有趣的是,水仙花被重用前,其前任受宠花是韭葱。据传在6世纪,圣大卫要求士兵在头盔上插韭葱,以保佑获胜。另一种说法是,1346年,威尔士王子爱德华带兵在韭葱地里打败了法军,威尔士人从此戴韭葱纪念英勇的士兵。然而在威尔士语中,水仙花和韭葱的发音很相似,很多人误将韭葱当成了水仙花。那么,水仙花和韭葱到底谁更正宗?威尔士人并不较真儿,是手捧一束水仙花,还是一把鲜韭葱?请自行决定吧。

每年4月19日,波兰人会将水仙花献给在1943年华沙犹太人起义中牺牲的勇士们。当年滞留在华沙的犹太人发起反抗纳粹的行动,虽没能成功,但这一反抗压迫的行动名垂史册。每年春天,英国人会佩戴水仙花造型的塑料花胸针,这些水仙花胸针是为重症患者捐款的标志。这项捐款活动由英国玛丽·居里医疗慈善机构倡导,人们在玛丽·居里(对,就是居里夫人)慈善店或当地超市捐一英镑,就可以获得一枚这样的胸针。爱尔兰也有自己的水仙花日。每年3月27日,爱尔兰癌症协会号召志愿者在街头义卖水仙花胸针和新鲜的水仙花,筹集资金用于癌症研究,帮助癌症患者,水仙花成了爱尔兰的抗癌大使。

不过,一身优点的水仙花也遇到过麻烦事。带着花骨朵儿的水仙花被捆成一小把放在超市里售卖,它们像极了蒜薹,结果有中国留学生误将其当作蒜薹买来炒着吃,不料却中了毒。类似事件屡次发生,英国的监管机构不得不要求超市不要把水仙花摆在蔬菜旁边。

　　几年前的春天，我曾前往英国湖区寻觅华兹华斯兄妹描写的水仙花，寻而不得。此后不久，我稍加留意便发现它们就在我的身边：在爱丁堡皇家植物园的小山坡上，在市中心的草坪周围，在街区的拐角……它们好奇地探着脑袋，给阴郁的老城带来鲜亮的色彩。有时它们被风吹得倒向一边，像是黄色的海浪。它们一点儿也不自恋，天气好时，蓝天白云和黄色的水仙花相映成趣。我想，宫崎骏笔下的童话世界就是这样的吧。我期待小魔女琪琪带着她的小黑猫骑着扫帚从水仙花上空飞过。

5

花毛茛，
来自波斯王子的心事

Ranunculus, Ranunculus asiaticus

粉的，黄的，白的，紫的……它们热热闹闹地开着，让世界姹紫嫣红。纤细的茎托着圆圆的花朵，而所有的花瓣都层层叠叠，整整齐齐，像一个个很乖的小朋友列队站好。花毛茛，也叫芹菜花、波斯毛茛或洋牡丹，它们美艳内敛，迥然不同于华贵张扬的牡丹。

王子变成的花

欧洲传说中，花毛茛是波斯王子的化身。从前，一位年轻的波斯王子喜欢上了一位美丽的女子，但他很害羞，不好意思向对方表白，结果变得抑郁寡欢，相思成疾，最终伤心而亡。王子离世的地方长出一株花毛茛，它发芽、生长、开花，用美丽的花瓣封存了王子的秘密。

王子变成了花，而不是参天大树，常用来形容女子貌美的花竟然

花毛茛

RANUNCULUS

是男人的化身。有趣的是，在欧洲神话里，很多漂亮的花是男人变的。希腊银莲花是植物之神阿多尼斯变的。阿多尼斯去打猎，结果被一头公猪袭击致死，他的爱人阿芙洛狄忒女神悲伤欲绝，女神的眼泪和阿多尼斯的血交融，生出了希腊银莲花。风信子的前世是美少年雅辛托斯。雅辛托斯英俊潇洒，和太阳神阿波罗是好友。风神妒忌他们两人的友情，借他们玩扔铁饼游戏的机会害死了雅辛托斯。阿波罗很难过，将雅辛托斯变成了风信子，并陪伴其左右。牡丹是希腊神医皮恩变的。皮恩治好了冥王的顽疾，却遭到老师阿斯克勒庇俄斯的妒忌。天王宙斯得知这位老师要加害学生，赶紧把皮恩变成了牡丹……倘若这些美少年和小王子可以选择自己的未来，他们会希望自己变成花吗？

花毛茛原产土耳其、叙利亚等地，至于它们是如何传入欧洲的，据说和一位国王有关。中世纪，西欧的封建领主和骑士在罗马天主教教宗的支持下，以收复失地为名义，对地中海东岸的国家发动了八次战争，

这八次战争也被称为八次十字军东征。当时，带领十字军东征是模范君主的必要条件，于是，法国国王路易九世两次亲自挂帅东征。花毛茛是他首次东征带回法国的战利品。鲜为人知的是，当年和路易九世一起东征的英军也将花毛茛带回了英国，但遗憾的是没能把这些花养活。英国16世纪植物学家约翰·杰勒德在他的著作《草本志》中指出，英国人引种花毛茛的尝试以失败告终。

后人对十字军东征褒贬不一，这些军事行动有的为达到政治目的，有的为掠夺财富，有的为圣战，导致战火不断。但毫无疑问，这些动荡间接促进了东西文明的交流与碰撞。不同文明从孤立到接触，最终实现了交融与共生，而花毛茛便是这段历史的见证者。

欧洲版本的花毛茛

写于1659年的《托马斯·汉默爵士的花园书》记载："花毛茛的根含有小结块，像是小麦的种子……茎长有柔毛，叶子肥厚，通常分为三大类，有单瓣和双瓣的，都很漂亮。"1731年，英国植物学家菲利普·米勒在《园丁辞典》中写道："我不再列举花毛茛的所有品种，其中的大多数品种是英格兰常见的杂草，在欧洲其他地方也有，它们甚至没有资格被种进花园……这第十一种花毛茛来自波斯，移植到欧洲后，经过培育，这种花毛茛的质量提高很多。"两位学者提到的花毛茛和来自波斯的花毛茛完全不同。原来，在东征的十字军将花毛茛带到欧洲之前，欧洲本土已有自己的花毛茛，而且两者品相完全不同。

在英国野外经常可以看到一片片单层花瓣的小黄花，纤细瘦弱，其貌不扬，它们就是当地的花毛茛。外来的花毛茛的确比这些小野花优雅好看多了。但一提起花毛茛，大多数英国人，特别是小孩儿们，最先想到的都是这类小野花。英国小孩儿都会玩这样一个游戏：选在阳光灿烂的一天，将一朵黄色单层花瓣的花毛茛放在下巴底下，然后让其他小孩儿看他下巴的颜色。小孩儿们抢着试，并互相吆喝着："变黄了！""你是奶油杯子！"谁的下巴变成金黄色，就表明这个小孩儿喜欢吃黄油！这个游戏代代相传，老幼皆知。有一天，我和朋友在麦田边散步，他看到野生花毛茛后，便给我讲了这个故事，还摘了一朵花毛茛让我试，结果我的下巴并没有变黄。不知道是不是巧合，因为我的确不喜欢吃黄油呢。

花毛茛真的能让黄油爱好者的下巴变黄吗？一向对什么事情都好奇的英国科学家们可不会放过这个研究课题。剑桥大学的科学家们就此做了好一番科研，得出结论：花毛茛能散发出金色光芒的原因是其花瓣表皮含有类胡萝卜素，这些成分令花瓣呈现华丽的金黄色。

两种如此迥异的花重名貌似非常不妥，但英国人好像根本不在乎，毕竟人都会重名，何况植物。有些英国人还故意追求重名，比如我的一位英国朋友的姓名就和他叔叔的姓名一模一样，这大概表明他爸爸对自己弟弟的厚爱吧。

维多利亚时期的花语

来自异域的花毛茛有着自己的使命。在维多利亚时期，花毛茛的花语是美丽和诱惑，人们用花毛茛表达"你很迷人""我被你吸引""我迷恋于你"，这样的寓意和花毛茛曾是害羞的波斯王子的故事相呼应。送心上人一束花毛茛，表达爱意，不需言语，也不会有遗憾。

不知是否是巧合，花语的传统也源自花毛茛的家乡土耳其。18世纪初，花语最先在君士坦丁堡的王室流行，后传到欧洲。伊斯兰后宫的女子如何向苏丹表达情爱？她们用鲜花。"我在等你""你快给我回个信儿""我好寂寞"等心思都可以用花来表达。花的品种、颜色和数量，以及它们在花瓶中摆放的方式都是暗号。鲜花传达女人们的浓情蜜意，也通告她们的妒忌和责备。也就是说，苏丹的女人不必当着君王的面发脾气，她只要把瓶子里的花摆弄一下，苏丹就明白她在耍小性子呢。

这种含蓄的表达似乎只有女人才想得出来。不错，将花语带到英国的正是一位女性。1716 年，英国作家玛丽·沃特利·蒙塔古随她做外交官的丈夫来到君士坦丁堡，开始了他们的异域生活。玛丽将她在当地的见闻写信告诉英国好友，后来，这些信件被结集出版为《来自英国驻土耳其大使馆的信》一书，其中便包括"苏丹后宫的秘密"——花语的故事。之后不久，用鲜花表达情绪的做法被英国宫廷的男女借鉴，并逐渐在欧洲流行起来。

但美丽的花毛茛并没有在欧洲特别流行。雪利·希伯德在《熟悉的花园之花》中评价："必须承认，花毛茛在当今并非很时尚的花，原因之一是现在的花卉研究者对它了解不多。它备受欢迎的一天可能会到来，它会成为人们所熟知的花，人们可能也会奇怪如此光彩照人的花，为何隐姓埋名这么多年。"我觉得，这大概是因为花毛茛有毒。无论是英国本地生长的花毛茛还是外来花毛茛都有毒，误食花毛茛会导致口腔炎、腹痛和抽搐等。如此，人们对它们敬而远之也是可以理解的。

700 多年前，法国国王将花毛茛从东方带到法国；300 多年前，英国外交官夫人将土耳其花语的故事讲给英国人听。花毛茛最终和家乡人赋予它的花语相遇。这是巧合，也是宿命。斗转星移，花毛茛已经成为欧洲婚礼上的常用花，而来自东方的花及花文化，业已成为西方的花及花文化的一部分。两种文化交汇合流，闪耀出更迷人的光彩，令花毛茛有了今天的万种风情。

6

矢车菊，
凡·高的神秘心事

Cornflower, Centaurea cyanus

盛夏，我在苏格兰海边的山坡上看到了一片片蓝盈盈的矢车菊，它们用细弱的茎捧出美丽的花朵。一阵风吹来，它们轻轻地摇摆，如同跳跃着的音符，正在演奏一曲盛夏之歌。

像是"人群中的漂亮姑娘"

我和矢车菊的第一次相遇，是在凡·高的画作中。

1890 年 5 月 20 日，36 岁的凡·高来到弟弟提奥推荐的位于巴黎西部的奥维尔小城，弟弟希望这里的宁静生活能缓解哥哥的精神状况。来此之前，凡·高的病情恶化，并有自残行为。凡·高很快适应了奥维尔的生活，他习惯到小城周郊的田间散步，或是在瓦兹河边画画。丰收时节的麦田让他着迷，他的那幅名为《麦田地和矢车菊》的油画就是以此为背景画的。画中，天空飘着灰色的云，远

矢车菊

CORNFLOWER

处是带着黑色轮廓的蓝色的山，金黄色的小麦蔓延到远方，麦田里点缀着蓝色的矢车菊，和蓝色的远山遥相呼应。画面虽然满满当当，却倍显苍凉，杂乱的矢车菊如同凡·高忐忑不安的内心，呈现着他当时的孤独和寂寞。两个月后，凡·高在奥维尔自杀死亡。

这是我第一次知道矢车菊喜欢生长在麦地里，也是我第一次感受到矢车菊的神秘与忧郁。麦田和矢车菊似乎不离不弃。俄国诗人叶赛宁写道："我的心没什么两样，如麦地里的矢车菊，浅蓝的双眼在我脸上绽放。"诗人用这首诗表达对故乡的热爱。俄国作家涅克拉索夫把麦田比喻成人群，把矢车菊比喻成"人群中的漂亮姑娘"。

文人们用矢车菊象征欲望、爱和无限的追求。1818年，德国诗人、剧作家约瑟夫·冯·艾兴多夫创作了以矢车菊为主题的诗歌《蓝色的花》，他写道："我在寻找蓝色的花，我找了又找却找不到，我梦见和花儿擦肩而过，它们一定会为我绽放。我带着竖琴去漫游，穿过了乡村、城镇和草原，天地间可有一处地方，让我寻觅到蓝色的花？"诗中洋溢着诗人对和平家园的眷恋。丹麦作家安徒生也是矢车菊的钟情者，他在《海的女儿》中将矢车菊和神秘莫测的大海联系在一起，写道："在海的远处，水那么蓝，像最美丽的矢车菊花瓣。"

然而不幸的是，美丽的矢车菊却身不由己地被卷入政治旋涡。1934 年到 1938 年，希特勒一直觊觎奥地利，但奥地利顽强不屈，拒绝纳粹化。为在奥地利境内进行地下活动，纳粹分子们相约戴矢车菊，并以此为暗号。纳粹政权最终失败，但 1956 年奥地利极右政党奥地利自由党创建时，却仍然选择以矢车菊为党花。因为矢车菊和纳粹的关联，多年来，这个标志一直受到民众反对。迫于压力，2017 年 11 月，奥地利自由党不得不弃用矢车菊。

矢车菊的噩梦还没有结束。2019 年 1 月，刚和奥地利极右政党撇清关系的矢车菊又被德国的极右政党德国另类选择党相中，成为他们的党花。于是，矢车菊继续备受争议。不过在法国，矢车菊却是一种受人尊重的花。每年 11 月 11 日，法国国殇纪念日这一天，人们会在胸前佩戴一朵蓝色的矢车菊，用来缅怀烈士和战争遇难者。

象征治愈和母爱

从古至今，关于矢车菊的故事层出不穷。

传说，希腊神话中的半人马喀戎最先发现矢车菊有疗伤的功效。喀戎精通医术，智慧过人，并擅长奔跑和骑射。有一次，喀戎被毒箭射伤，他试了好几种草药都无效，最后发现将干枯的矢车菊磨碎敷在伤口上能治好脓肿溃烂的伤口。喀戎还发现矢车菊可以治疗眼疾。

在基督教文化中，矢车菊代表治愈，象征圣母玛利亚和耶稣。在中世纪流行的基督教读物《时间之书》中便有蓝色的矢车菊图案，寓意通过信仰治愈心灵的创伤。古埃及人也认为，矢车菊是一种神奇的花。1922 年 11 月，英国探险家霍华德·卡特和他的助手在埃及尼罗河西岸的一个荒凉山谷里发现了图坦卡蒙王陵，于是，图坦卡蒙的黄金棺重现于世。棺内是一具戴着黄金面具的木乃伊，木乃伊的颈部和胸前摆放着由珍珠和花朵组成的颈饰，这些花中就包括大量矢车菊。历经 3000 多年，这些矢车菊虽已枯萎，却依旧保持着淡淡的蓝色。古埃及人相信人死后可以复活，他们把矢车菊等花摆放在死者周围，认为这些花可以引领死者走上复活之路。

在德国，矢车菊象征母爱，这源自威廉大帝和矢车菊的故事。相传，拿破仑横扫欧洲时，兵临柏林，普鲁士女王露易斯不得不带着孩子威廉一世逃离。他们的马车在田间行进时，一个车辖辘突然坏掉了，他们不得不坐在路边等马车修好。年幼的威廉又累又饿，不停地向母亲抱怨，嚷嚷着要回家。为了转移孩子的注意力，露易斯女王指了指田间盛开着的一簇簇矢车菊，示意威廉去采这些花，说要编花环给他玩。威廉回忆道："母亲编花环时，她努力抑制伤感，不去想她的危险处境，不去担忧儿子的未来，但是眼泪从她那美丽的眼睛里流了出来，落在矢车菊的花瓣上。她的焦虑令我心疼，我不再耍小孩子脾气，我抱住母亲，安慰她，直到她微笑着，把矢车菊花环戴在我的头上……这么多年过去，我依然可以看见矢车菊的花瓣上闪烁着母亲的泪光，这也是我喜欢矢车菊的原因。"后来，威廉一世继承王位，最终统一了德国。矢车菊中蕴藏的温情打动着一代代德国人，他们把矢车菊推崇为国花。

在"一战"中立下功劳

英国草药学家毛德·葛蕾芙也和矢车菊有着不解之缘。葛蕾芙的父母早逝,她由亲戚抚养长大。1879 年,她带着叔叔给她的 1000 英镑的遗产去远方寻找梦想。当时印度是英国殖民地,也是很多英国人向往的东方。于是,葛蕾芙去了印度。她在那里了解到有 5000 多年历史的印度传统医学阿育吠陀,并开始接触草药。她经常去当地的植物园参观,越发对植物感兴趣。葛蕾芙在加尔各答生活了 20 多年后,返回英国,并开始打造自己的百草园。矢车菊是葛蕾芙最喜欢的植物之一。她在 1931 年出版的著作《现代草药》中指出:矢车菊可以缓解发烧、净化血液、起到收敛剂的作用,其花瓣蒸馏的水可治疗结膜炎,矢车菊的枯叶磨成的粉可治疗外伤、静脉曲张等。

葛蕾芙和矢车菊在"一战"期间大显身手。1914 年 10 月,葛蕾芙在自家花园里种下大量天仙子、毛地黄和颠茄等植物。当时"一战"爆发,英国境内药物缺乏,而之前的很多药用植物供应商都停止了向英国市场发货。英国的制药业告急。葛蕾芙于是发动英国女性在家中花园里种植草药,支持本地药品生产。为了向公众详细介绍这些草药及其种植方法,她出版了一些小册子,这些小册子便是《现代草药》的雏形。今天,矢车菊依然被用于制药,法国、德国都生产以矢车菊花瓣的蒸馏水为主要成分的滴眼液。

然而,一个人的美酒佳肴可能就是另一个人的穿肠毒药。有些人并不喜欢矢车菊。自从中世纪以来,农夫就把矢车菊视为杂草,对其斩草除根,因为它的根部会分泌一种成分抑制其他植物的生长,这意味着,矢车菊会降低农作物的产量。毛德·葛蕾芙在《现代草药》中提及农夫不喜欢矢车菊的第二个原因:矢车菊的茎秆很硬,在农夫们手工割麦的时代，会让他们手中的镰刀变得迟钝，矢车菊因此赢得了"镰刀杀手"的外号。

　　我不禁感慨矢车菊的身世，它可以治病疗伤，帮助世人，却因别人的选择，名誉受损。矢车菊何尝不是受害者？如果它能够选择自己的命运，它会为纳粹分子所用吗？它会同意做极右政党的标志吗？倒是法国人，不给矢车菊贴标签，赋予它高贵的寓意。我又在想，也许，矢车菊根本不在意这些纷争，它不过是美美地盛开，再零落成泥碾作尘。是非功过留给后人去评吧。人如此，花亦如此。

7

花贝母，
波斯王后的眼泪

Crown Imperial, Fritillaria imperialis

　　每年的 4 月，是花贝母盛开的季节，今年也不例外。虽然疫情使这个春天蒙上了一层阴霾，但花贝母依然艳丽如初。

铜花瓶里盛开的爱情

　　浪漫的男人喜欢给女人送花，让她的房间四季如春。凡·高的浪漫却是画花送给喜欢的女人。1887 年，凡·高将一幅《铜花瓶中的皇冠贝母》送到巴黎铃鼓咖啡馆，收画的是这家咖啡馆的老板娘——他心仪的意大利女郎阿戈斯蒂娜·塞加托里。画中，一簇红橙色的亮丽的花贝母含颔垂首，既高贵又谦卑，似乎在暗示凡·高对爱人的心事：不卑不亢，又温柔顺从。

　　1886 年 12 月至 1887 年 5 月之间，两人共度了一段美好时光。凡·高还给塞加托里画了一幅肖像。我在阿姆斯特丹的凡·高博物

花贝母

CROWN IMPERIAL

馆看到了这幅名为《铃鼓咖啡馆中的阿戈斯蒂娜·塞加托里》的画。画中的塞加托里身穿草绿色长衫，黑色长裙，她左手拿着一支香烟，面前放着一杯啤酒。她的发型尤其特别，发髻高高的，有着和花贝母一样的红橙色。这位热情火辣的意大利女郎更像是巴黎的交际花，她曾给法国画家埃德加·德加担任模特。她的咖啡店也像是艺术馆，店里悬挂着埃米尔·伯纳德、图卢兹·罗特列克和路易斯·安克坦等画家的画，也包括凡·高给她送过去的好几幅花的油画。那时的凡·高大概希望她的咖啡馆里永远盛开着他的"花"。

但两人的爱情之花并未永远盛开。1887 年的下半年，两人大吵了一架，结果凡·高摘下他挂在咖啡店里的所有画作，一股脑儿放进手推车里都推走了，包括《铜花瓶中的皇冠贝母》。几经辗转，这幅画如今被巴黎奥赛博物馆收藏。

凡·高画这幅画时刚接触印象派，开始注重光和色彩的运用。这幅画标志着凡·高开始走上印象派和新印象派的路子。他深受法国新印象主义画派的画家保罗·西涅克的影响，运用点彩法画这幅画，并选用了对比强烈的蓝色和橙色作其主色调。凡·高一生画了 900 多幅画，只在约 130 幅画上署了自己的名字，其中就包括这幅。显然，他对这幅作品很满意。

君士坦丁堡的伊甸园

花贝母并非欧洲本土之花，它原产自土耳其、克什米尔等地，通常生长在海拔 1000 米至 3000 米的悬崖峭壁上。它能长到一米多高。在每一根笔直的茎的顶端，数朵钟铃形状的花朵下垂，整齐地围绕成一圈，很谦逊的模样。

传说花贝母"移民"欧洲和奥斯曼帝国苏丹苏莱曼大帝有关。

苏莱曼大帝是奥斯曼帝国的第十位苏丹，也是在位时间最长的。他在任期间，奥斯曼帝国艺术、文学、建筑和园林设计等都处于黄金时代，并且国民对花极为热爱。在他们的文化里，花是文明的象征。伊斯兰教创始人穆罕默德有一句名言："如果我有两块面包，我就用其中一块换水仙花，因为面包是身体的粮食，而花是灵魂的食粮。"花是奥斯曼帝国民众日常生活的重要组成部分。人们用各式各样的花卉图案装饰书籍、墙壁瓷砖和服装，甚至将花绣在给马戴的帽子上。16 世纪的法国作家克里斯托弗·比利亚龙曾这样描述土耳其人对花的喜爱："土耳其人非常喜欢花，就像热那亚的女子那样，一位土耳其女子可能会倾其所有去买一朵花，然后把这朵花插在自己的头发上。"

奥斯曼帝国的街道经常摆满了鲜花。这些花不光是为了好看，也是人们彼此交流的方式。如果有人在窗台摆一瓶黄色的花，表明家里有人生病，请路人安静地走过；如果有人在窗台摆了一盆红色的花，表明这户人家的女儿到了结婚的年龄，请路人不要在附近说脏话，不要污染她那纯洁的心灵。

在这样的背景下，苏莱曼大帝提议在君士坦丁堡创建鲜花市场。这里很快聚集了来自天南海北的花，包括科索沃平原的花、亚美尼亚高原的花、黑海南岸的花和叙利亚沙漠的花等，成为爱花者的天堂。花贝母也在这里灿烂地盛开，受到土耳其人的温柔对待。

16世纪的植物学家奥吉尔·吉斯林·德·布斯贝克当时担任奥地利公国驻奥斯曼帝国外交官，长驻君士坦丁堡，他也是这处伊甸园的常客。他在工作之余经常到当地花市寻购他在欧洲没见过的花。后来，他首次将郁金香、七叶树、紫丁香、叙利亚玫瑰、山梅花和花贝母等带到了欧洲。

1573年，在布斯贝克的推荐下，神圣罗马帝国皇帝马克西米利安二世任命植物学家卡罗卢斯·克卢修斯担任维也纳"帝国医药花园"总监。克卢修斯被誉为有史以来最有影响力的植物学家之一。布斯贝克将从君士坦丁堡收集的花花草草交由克卢修斯照管。伴随对世界的探索，欧洲人了解到更多来自东方的植物，欧洲植物学得到了巨大的发展，这段时期被认为是植物学的复兴时期，园艺和植物栽培成为贵族和大学热衷的项目。1593年，克卢修斯来到荷兰莱顿，负责为莱顿大学创建一座植物园。他在这座植物园里种下了郁金香，也种下了花贝母。

为耶稣垂下了头、留下了泪

花贝母的英文名是"crown imperial"，拉丁名是"Fritillaria imperialis"。拉丁语中，"fritillaria"为"fritillus"的派生词，其含义是"骰子杯"，用来描述花骨朵儿的形状，而"imperialis"则用来形容花朵之上那一簇向上指的像王冠一样的叶子。把拉丁语翻译成英文，花贝母就有了现在的英文名。

花贝母独特的外形令人充满了好奇，人们不禁要问，它的花为何都低着头，它为什么会戴个王冠？传说是这样的：花贝母原本生长在耶路撒冷的客西马尼园里，是一种纯白色的花。耶稣用过最后的晚餐后，和门徒前往客西马尼园祷告。耶稣在此极其忧伤。当耶稣因被犹大出卖而被钉在十字架上的消息传出后，客西马尼园里的几乎所有的花都难过地垂下了头，只有花贝母没有。花贝母后来才意识到自己的错误，它羞愧难当，决定永远低下头。它的脸变红了，眼泪哗哗地流，泪水变成了浓浓的花蜜。另一种解释来自波斯帝国。波斯王后美若天仙，但国王觉得美貌招致事端，怀疑王后对自己不忠，便将她驱逐出境。王后满腹委屈，边走边哭个不停，结果她越走越瘦，身体也变了形。她决定停下脚步，结果变成了一朵花，一朵仍然戴着她的后冠的花，这朵花就是花贝母。

花贝母的来历神秘，它的美丽也令人折服。16世纪末17世纪初的英国植物学家约翰·帕金森在《令人愉悦的花之园》中描述道："因其肃穆的美丽，花贝母值得被评为我们花园第一美花，它在众花之中令人着迷。"17世纪英国著名诗人乔治·赫伯特在他的诗歌《和平》中赞赏花贝母："我走进花园，注意到一株华丽的花——花贝母。"花贝母也带给科学家很多启发。1789年，现代生态学鼻祖吉尔伯特·怀特注意到花贝母会吸引英国塞耳彭当地的鸟帮它传粉，从而了解到有些鸟偏爱花朵硕大下垂、花蜜充足的植物。

尽管花贝母生得令人惊艳，但老百姓却很少养它，不是因为它太娇贵，而是因为它的味道太大。可以毫不夸张地说，它的气味能熏走松鼠、鹿和昆虫。不过，大概也正因为拥有这样的气味，花贝母才把敌人统统吓走。独特的气味是花贝母保护自己的武器。

　　花贝母生来倔强高傲，它低头的同时，也将所有的流光溢彩隐藏起来。它不在乎谁的恩宠，为了不被侵犯，不惜用刺鼻的气味相对抗。只有有勇气靠近它、欣赏它的人，才能看见它的美丽。此时，它含颔垂首，只为爱它的那个人。

8

百合花，
诗意的爱

Orange Lily, Lilium croceum

读高中时，我的一篇文章在当地晚报举办的征文活动中获奖，奖品是花店赞助的一束百合花，那是我第一次收到这种美丽的花朵。大学毕业后，我去喜欢的女老师家做客，给她买的也是百合花，心想，所有女人都会喜欢这淡雅芳香的花。

"给百合花镀金"

2019 年的夏天，我在泰特美术馆中看到英国画家约翰·辛格·萨金特的画作《康乃馨、百合、玫瑰花》。画中，两个身穿白色长裙的小女孩在群花围绕下点灯笼，一簇簇百合花比她们还要高。萨金特照实物画了这幅画，他从 1886 年的夏天画到秋天，接连画了四五个月，话说过了这么久，百合花早就枯萎了，他不得不用假花代替真花。后来，这幅温馨柔和、充满童趣的画作成为萨金特的代表作。在

百合花

ORANGE LILY

他的这幅画里，百合花象征着童真和纯洁。

百合花通常与圣母玛利亚一同入画，因为圣母玛利亚天然受孕，百合花恰能衬托她的贞洁。现藏于佛罗伦萨乌菲兹美术馆的达·芬奇油画《圣母领报》便属于这类作品。在这幅画中，带着双翼的天使加百列向年轻的圣母玛利亚朝拜，告诉对方将要怀上上帝之子，天使的左手中握着一束白色的百合花。这些百合花代表不涉及肉体的贞洁，它们有着金色的花蕊，象征上帝的天堂之光。

在基督教文化中，百合花代表基督的复活，寓意新生和希望。据说，耶稣在受难之前，和往常一样来到客西马尼园祷告。他当时极度悲伤，汗珠滴在地上，所滴之处纷纷涌现出美丽的白百合。另一个传说中，耶稣被钉在十字架上，流血不止，血滴之处长出了白百合。百合花因此被视为神圣之花。复活节期间，人们用它装点教堂，纪念耶稣基督的复活。

我在很多宗教主题的画作中看到过百合花：有的描绘玛利

亚手持百合花，有的画玛利亚怀抱耶稣，坐在百合花丛中……百合花为这些画面增添了高贵和圣洁感。

世人认为百合花完美无缺。在《圣经》读物《山中圣训》中，耶稣赞美百合花："就是所罗门极荣华的时候，他所穿戴的还不如这一朵花！"英国民间也有一句俗语："给百合花镀金"，类似中国成语"画蛇添足"，即装饰或点缀已经很完美的东西，这似乎在表明百合花已经非常完美。

关于百合花的神话传说也很多。比如在古希腊神话传说中，百合花象征宙斯之妻赫拉。赫拉是爱情和婚姻之神，她用乳汁打造了银河系，而散落在地上的乳汁变成了辽阔的百合花田。又比如，夏娃和亚当受蛇的诱惑偷食了禁果，并被逐出伊甸园，夏娃悔恨不已，泪如雨下，她的泪水落在地上，所落之处百合花盛开。悔恨是变好的开始，百合花的绽放意味着美好的开端。

百年前的冒险之旅

早在 130 多年前，全世界就已有 80 多种百合，其中一半多在中国。爱尔兰植物学家奥古斯丁·亨利在中国湖北发现了橙色并带有黑色斑点的虎百合，英国植物学家欧内斯特·亨利·威尔逊在四川岷江流域发现了有"帝王百合"之称的岷江百合。

奥古斯丁·亨利曾先后在爱尔兰和英国学医，认识高官罗伯特·赫德后，他平淡无奇的生活发生了改变。那时，很多英国人对东方世界充满了向往，时任清政府海关总税务司的赫德建议亨利去中国为他工作，这令亨利兴奋不已。1881 年，亨利前往上海担任赫德的助理税务官和助理医生。

亨利到达中国的第二年，便被派驻湖北宜昌任职，从此开始了与植物的缘分。亨利最初喜好在附近乡下打猎，但他的打猎技术实在是差，于是决定发展一个不那么耗费体力的爱好：收集植物。他同时给英国皇家植物园邱园的总监写信说："这里有大量有趣的植物，英国植物学家对中国这部分区域的植物所知甚少，也许我可以为你们收集一些有趣的标本。"邱园总监欣然应允。就这样，亨利打开了中国植物的百宝箱，陆续将500多种花草植物的种子和标本寄往邱园，其中包括橙色百合花的球茎，也就是今天在欧洲广泛栽植的虎百合。为纪念亨利的贡献，人们也将虎百合称为"亨利百合"。

结束湖北的任职后，亨利被派往云南思茅工作，他在这里遇到了同样和百合花有缘的英国人欧内斯特·亨利·威尔逊。此时，威尔逊受英国维奇苗圃之约，正在中国采集植物。他的采集之旅充满艰险。他在途中遇到过土匪，生过大病，还差一点被淹死。1903年，威尔逊在四川岷江流域发现了"帝王百合"，同时在泸定通河河谷发现了通江百合。1908年，他又应哈佛大学之邀到中国采集"帝王百合"，但不幸的是，他采集到的那批球茎在被运往美国的船上全部腐烂。1910年，威尔逊再次到中国采集"帝王百合"，谁料途中遭遇雪崩，他的脚被山上滚落的石头砸伤，他不得不用照相机的三脚架把受伤的脚固定，最终经过三天三夜的行程，才回到城里。

威尔逊因此落下终身残疾，人们开他的玩笑，称呼他"百合瘸子"。不过，令他欣慰的是，他那次采集到的"帝王百合"球茎顺利寄到了美国，并于1912年春天在美国马萨诸塞州盛开，举世瞩目。除了"帝王百合"，威尔逊也将通江百合带到了西方世界。他在自己撰写的《中国——园林之母》一书中称中国是"花的王国"。

诗人之爱

美丽的百合花激起了很多文人墨客的才情，也启迪英国诗人、画坛天才威廉·布莱克写下了"一沙一世界，一花一天堂。无限掌中置，刹那成永恒"的诗句。

布莱克在 1793 年出版的《经验之歌》中，选择将玫瑰、太阳花和百合花作为颂咏对象，创作了组诗《我美丽的玫瑰树》《太阳花》和《百合花》。他用这三种花分别指代尘世的爱、人类的爱和诗意的爱。他写道："含羞的玫瑰有刺，驯顺的羔羊有吓人的犄角，白色的百合花却陶醉在爱情里，没有刺和恐吓去玷污她的美好。"在布莱克看来，百合花纯真、温柔，它没有保护自己的利器，也没有防御之心，全心全意地将自己呈现在爱人面前，纯情而脆弱。

布莱克从小就显露出极强的艺术天赋，父母便送他去学艺术。但因为家境贫寒，交不起昂贵的学费，他不得不半途而废，到版画师那里当学徒。布莱克长大后申请到在皇家艺术学院学习的机会，但他不接受导师的建议，非要坚持自己的画风。他性情古怪，称自己时常看到天使和圣人，并和他们对话，这些独特的体验令他的作品天马行空。

布莱克用百合花之爱寓意心中的理想之爱，那是一种最纯真的爱——没有猜疑、没有争端、只有奉献的爱。这样的爱情正是布莱克和妻子凯瑟琳之间的写照。凯瑟琳是花匠的女儿，与布莱克一见如故。两人很快结为连理。布莱克教凯瑟琳读书识字，凯瑟琳给布莱克做助手，为他的版画上色。两人相濡以沫 40 多年。布莱克在世期间并不得志，生活清贫，但凯瑟琳一直守护其左右，呵护着他的远大抱负和非凡才华。

玫瑰生来带刺，提醒爱人之间要保持距离，否则会伤害彼此；而百合花，清新柔美，寓意和爱人坦诚相见。大多数人，可能并没有运气经历惊心动魄、轰轰烈烈的玫瑰之爱，但若能收获平淡温柔的百合花之爱，也算此生最大的福分。百合花，象征着百年好合，而平淡的相守，真切长久。

9

杜鹃花，
适当的美丽

Rhododendron, Rhododendron ponticum

在中国的传说中，杜鹃昼夜悲鸣，啼至出血，鲜红的血滴落在漫山遍野，化成一朵朵美丽的杜鹃花。每年四五月是杜鹃花盛开的时节，我常常在爱丁堡的皇家植物园见到各种各样的杜鹃花。

"杜鹃花之王"的七次探险

红的，粉的，黄的，紫的，白的……一簇簇，一团团，盛开的杜鹃花争先恐后挂满了枝头。我第一次去爱丁堡皇家植物园时，便被这些繁盛的杜鹃花吸引。如今，杜鹃花是园林热宠、家养花卉的常客，但鲜为人知的是，英国大多数品种的杜鹃花源自中国云南的悬崖或深谷，它们曾经隐逸于世，独自美丽。

但美丽的它，终于遇到了知音。

全世界有 1000 多种杜鹃花，爱丁堡皇家植物园拥有 600 多种，

杜鹃花

RHODODENDRON

其中的 400 多种是苏格兰人乔治·福雷斯特在中国发现、搜集并带到英国的。"福雷斯特"（Forrest）这个姓很有趣，像极了英文单词"forest"（"森林"之意），我想，这也许正暗合了他和植物的不解之缘吧。

1873 年，福雷斯特出生于离爱丁堡不远的苏格兰小镇福尔柯克。他 18 岁结束学业，开始在一家药店工作。正是这段工作经历让他认识了大量药草。他原本可以按部就班地工作到退休，但一笔意外之财改变了他的人生。福雷斯特从叔叔那里继承了一笔遗产，1898 年，他决定前往澳大利亚淘金，结果无功而返。但这趟旅行让他意识到，他最喜爱的还是植物。于是，他写信给爱丁堡皇家植物园的伊萨克·包尔弗教授，希望能到他那里工作。福雷斯特最终如愿以偿。也正因为这份工作，福雷斯特才得以成为一位到中国采集新植物品种的"植物猎人"。

19 世纪末 20 世纪初，很多欧洲人热衷到中国西南部搜集植物花卉，尤其是欧内斯特·亨利·威尔逊的收获让英国人确信中国西南是植物花卉的宝藏地。英国的棉花商布雷也看到了其中的商机，他迫切希望能从中牟利——找到有商业价值的花卉新品种。1904 年 5 月，布雷和福雷斯特签订了一份年薪 100 英镑、为期 3 年的合同，于是，福雷斯特开始了第一次中国之行。为便于搜集植物，福雷斯特努力地自学中文，还给自己起了个雅致的中国名字——傅礼士。他热衷慈善，为当地人带去了预防天花的疫苗，还捐款帮当地人度过自然灾害，这些善行让他在中国西南交到了不少朋友。福雷斯特的第一次探险以云南腾冲为基地，第二次主要集中在丽江以北，他在第二次探险中发现了新品种的杜鹃花。1912 年，福雷斯特第三次赴中国，时值辛亥革命风起云涌，清王朝刚被推翻，地方局势动荡不安，他克服种种困难继续搜集植物。1917 年到 1919 年，福雷斯特第四次到云南，并找到了一种罕见的杜鹃——高 24 米、树干周长 2 米多、树冠宽 12 米的大树杜鹃。大树杜鹃号称"花之王"，是杜鹃花中的活化石，对研究生物进化具有重要意义。福雷斯特的这一发现，举世瞩目。

杜鹃花多生长在悬崖深谷，寻找的过程困难重重，但福雷斯特乐此不疲。他在写给《地理杂志》的文章中描述："我们抓住垂下的树枝，把身体挂在岩石上，或以岩石槽口为支撑，紧紧地贴着山崖面攀行，我想猴子更擅长这种攀登。"1921 年到 1922 年，福雷斯特第五次前往云南，他在滇西北靠近西藏东南处搜集到了大量杜鹃花。1924 年到 1925 年，他第六次去云南。1930 年 11 月，是福雷斯特的第七次云南之行，也是最后一次。福雷斯特自述，这次旅行的主要目的是拾遗补缺，他写道："若一切顺利，那我过去这些年的辛勤劳作和努力将画上一个完美的句号。"

然而造化弄人。当搜集工作接近尾声时，意外发生。1932 年 1 月 5 日，在野外打猎的福雷斯特突发心脏病而亡。59 岁的福雷斯特被葬在腾冲郊外的来凤山上，他的墓紧挨着他的朋友——英国驻腾冲领事列敦的墓。

福雷斯特永远留在了中国，留在了他喜欢的云南，但他也带给英国大量中国的物种。他先后采集了 10 余万份动植物标本运回英国，其中包括 400 多种杜鹃花。他是名副其实的"杜鹃花之王"。

爱默生写下《紫杜鹃》

2022 年，因为新冠肺炎疫情，爱丁堡皇家植物园暂时关闭，成片的杜鹃花只能独自开放，独自美丽。没有游客的杜鹃花海，会不会寂寞？80多年前，美国诗人、哲学家拉尔夫·沃尔多·爱默生在思考同样的问题。

爱默生在美国马萨诸塞州的剑桥奥本山公墓参观时，发现那里的杜鹃花姹紫嫣红，但所在之处杳无人烟。爱默生感慨万千，写下了《紫杜鹃》，这首诗歌能和英国诗人华兹华斯的诗歌《水仙》相媲美。

爱默生在诗中感慨："杜鹃花啊！如果智者问你，这样的景致为何要留给不会欣赏的天空与大地，告诉他们，若神是为了看而造双目，那么美就是自己存在的缘故。你为什么在这里，玫瑰般迷人的花？我从未想过问你，也不知晓答案；可是，无知的我有一个单纯的想法：是引我前来的那种力量，引你来到世间。"

爱默生认为杜鹃花和玫瑰一样美丽，但它们低调谦卑，藏在深山里，或被茂密的丛林遮掩，人们很少看到它们的美丽。爱默生继而解释：美的存在不需要任何理由。那么，为什么诗人能欣赏到杜鹃花的美丽？爱默生指出，是一种神奇的力量让他来到杜鹃花的身旁，这种力量同样促使杜鹃花来到世间。

这首诗表明爱默生开始思考人性和大自然的关系。后来，他的这些观点体现在其著作《论自然》中。《紫杜鹃》和《论自然》存在多处呼应。比如，爱默生在《论自然》中认为物欲泛滥导致人类忘记存在的意义，建议人们最好远离尘嚣社会，去凝望群星，去面对自然，去敞开心扉……这如同在人迹罕至之处盛开的紫杜鹃，不在乎周围环境，不在乎是否有观众，只保持自己内心的骄傲和美好。

"阳光照进大人的眼睛里，但却照进孩子们的心里。"爱默生在《论自然》中写道，与儿童不同，大多数成年人已经失去了欣赏自然的能力，而只有看清楚大自然的人才会成为诗人。这正如爱默生在《紫杜鹃》中的观点：只有纯真无邪的儿童才能发现美，感受到美。

"花是地球的微笑"，"花是自豪的断言，一束美丽的花胜过世界上所有的物件"，爱默生的文字，洋溢着他对花、对大自然的热爱。今年复活节的前一天，我在爱丁堡郊外的野山里散步，意外发现了一大片紫色的杜鹃花，很是惊喜，不禁想到当年爱默生发现它们时，是否怀有同样的心情。

"入侵"爱尔兰橡木林

杜鹃花在各国的待遇不尽相同。在保加利亚，杜鹃花被列为濒危植物，人们对它关爱备至；在西班牙南部，杜鹃花面临灭绝的危险，也备受呵护；而在爱尔兰，一种名叫"黑海杜鹃"的杜鹃花处处讨人嫌。人们对黑海杜鹃的评价是："侵入性物种，严重破坏生态。"因为它们很容易形成细密的丛林，不仅遮挡了本地其他植物的幼苗，而且还分泌化感物质，抑制其他植物的生长。同时，这种杜鹃花的繁殖能力超强，一株杜鹃花每年可产生上百万颗轻如尘土的种子。种子借风而行，轻而易举地侵占更多领地。

再加上合适的土壤和气候，黑海杜鹃花得以在爱尔兰肆无忌惮地生长。当地人不得不和杜鹃花展开搏战，甚至不得不请求调遣士兵摆平它们。否则，原本具有多样化植物的园区很可能沦为杜鹃花园。爱尔兰的基拉尼国家公园也正为此伤透了脑筋，因为该园内的橡木林正一点点被杜鹃花吞噬。

谁也不曾料到，美丽的杜鹃花竟会成为侵略者。看来，即使再美的东西，数量过多也未必是好事。过犹不及，适当最重要。日本吉卜力工作室制作的动画片《我的邻居山田君》的结尾，老师写在黑板上、送给学生们的新年礼物正是"适当"这两个字。

有的杜鹃花在中国南方寂然开放，但深谷遇知音，被一个苏格兰人带进英国的园林；有的杜鹃花生长在人烟稀少的墓园，启发诗人写下隽永的诗歌；也有的杜鹃花开得到处都是，成为可怕的入侵者。一百多年来，人们对杜鹃花、对新物种的态度在不断改变，有喜欢，有讨厌，有笑脸相迎，有深恶痛绝，而不变的是这种植物本身。无论在哪里，无论是否遇到知音，只要有适合的土壤、阳光和水，杜鹃花都能够欢喜地生长。

10

马蹄莲，
既性感又保守

Arum Lily, Richardia aethiopica

　　我养了许久的马蹄莲始终没有开花，我一直期盼着那洁白的喇叭状花瓣裹着的金黄色花蕊能够冒出来，却得知那白色的不是花瓣，而是变了形的叶子。只有中间那个黄色细长的圆柱形的肉穗花序才算是花。这些变了形的叶子也被称为"佛焰苞"，形容它如佛像前点燃的火焰般飘摇。原来，我一直误会了它。无论是白色、红色还是黄色的马蹄莲，它们的"花瓣"都是冒牌货，它们靠这些艳丽的苞片招蜂引蝶，繁殖后代。

在墨西哥壁画大师的笔下

　　大多数被子植物都是两性花，即雌雄同花，马蹄莲也是如此。它的雄花集中于花序上部，雌花集中于花序下部。也就是说，来采集花粉或花蜜的小昆虫们沿着黄色圆柱形肉穗花序从上到下走一圈，马

马蹄莲

ARUM LILY

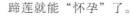

蹄莲就能"怀孕"了。

马蹄莲原产于南非，是一种常见花，除南极洲外，其余六大洲都有它的身影。17世纪中期出版的巴黎《皇家花园》记载，当时的欧洲就有了马蹄莲。它的生命力顽强，一年四季都可以生长，并常出现在葬礼、婚礼和一些庆典活动上。

人们喜欢上马蹄莲却是最近一百多年的事儿。尤其是墨西哥画家迭戈·里维拉和美国画家乔治亚·欧姬芙，他们画的马蹄莲别具一格，为这种花赢得了大量粉丝。

里维拉是"墨西哥壁画三杰"之一，被视为墨西哥国宝级人物，他更知名的身份是墨西哥女画家弗里达·卡罗的"大象"老公。因为里维拉又胖又大，而弗里达娇小瘦弱，他们两人的结合被喻为"大象与鸽子"的结合。

马蹄莲是一种雕塑感很强的花，也是墨西哥茂盛植物的典型代表。20世纪40年代，里维拉画了好多幅以马蹄莲为主题的作品，包括《卖马蹄莲的人》《背马蹄莲的人》《神奇的马蹄莲》和《裸体和马蹄莲》等。在这些作品中，马蹄莲被捆绑得整整齐齐、规规矩矩，而农民则一律穿着颇具民族特色的服装。这些作品呈现了墨西哥本土文化之美，也体现了农民和自然的关系。更令人深思的是，马蹄莲在墨西哥文化中是一种和葬礼、死亡有关的花，画家以此隐喻当地人的苦难。但我不禁又想，马蹄莲整株都有毒，把有毒的植物和农民的丰收联系在一起，里维拉究竟是何用意？

里维拉也画过性感的马蹄莲。他为社交名媛娜塔莎·戈尔曼画了一幅肖像：金发女郎娜塔莎穿着低胸、吊带的白色敞口喇叭裙，慵懒地斜坐在蓝丝绒沙发上，像是一株马蹄莲，并且她的身后就堆着两束巨大的马蹄莲。画中女子性感、火辣，充满诱惑力，撩拨着看客们的心。此处的马蹄莲含有性暗示。看到这样的画，夫人弗里达必然会不满。于是，她也给娜塔莎画了一幅肖像。不过，女画家笔下的娜塔莎裹着一件裘皮大衣，目光呆滞，像是一位嫁入豪门的阔太太。

"马蹄莲夫人" 欧姬芙

奥地利心理学家弗洛伊德最先把马蹄莲和性联系在一起。弗洛伊德在1905年出版的《性学三论》中指出马蹄莲含有性暗示。面对这样的指称，里维拉可能会一笑了之，但欧姬芙却很气愤。

欧姬芙喜欢画花，并且最喜欢画马蹄莲。她画笔下的马蹄莲巨大柔美，白色的苞片像是汹涌的海浪，似乎随时会将人类吞噬。她只用简单的几种颜色、曲线和组合，就能将马蹄莲的神秘和旺盛的生命力呈现出来。人类站在她画的马蹄莲面前，像是来采撷花蜜的蜜蜂。20世纪20年代，欧姬芙的马蹄莲画作单幅售价2.5万美元，成为当时美国最贵的画。她1928年的画作《红背景的马蹄莲》被艺评人默多克·彭伯顿誉为教科书式的作品。

1929 年，《纽约客》刊登了墨西哥漫画家米格尔·柯瓦卢毕亚斯的一幅漫画：瘦长的欧姬芙手持一枝马蹄莲。画名是《我们的马蹄莲夫人：乔治亚·欧姬芙》。后来，人们不约而同地称欧姬芙为"马蹄莲夫人"。

　　艺评人认为欧姬芙画的花柔滑圆润，有质感，而它圆柱形的肉穗花序的花轴很容易让人联想到男性，于是把弗洛伊德认为马蹄莲有性暗示的观点和她画的马蹄莲放在一起解读。欧姬芙严厉拒绝这样的联系，甚至威胁如果再有人胡说八道，她就罢工。她强调，人们不应因为她是女性，就把她的作品和性联系在一起。实际上，这个噱头多少也是她后来的丈夫——美国著名摄影师阿尔弗雷德·史蒂格利兹的主意，因为他认为这样做有利于卖画。

　　当有人指出她画的花的某个局部像是女性身体的某个部位时，欧姬芙轻蔑地回答："我希望你能好好观察，能看到我所看到的东西。你把你对花的联想都搁到我的花上来，随意评价我的花，好像我看到的、想到的，和你看到的、想到的一样似的，但并非如此。"欧姬芙表示她画的只是她看到的东西。她表示："20 世纪 20 年代，纽约的高楼大厦拔地而起，所以我想画和崛起的高楼大厦一样大的花。"欧姬芙说自己之所以对花着迷，不是因为花和性的关联，而是她被花本身的结构和它们所呈现出的那种复杂怪异感吸引。

　　不过，其实所有的花都是植物的性器官。花儿用美丽的外形、鲜艳的颜色和迷人的香气吸引小昆虫来帮它们授粉，好繁殖下一代。如此，将马蹄莲和性器官联系在一起，也算是人之常情。

　　欧姬芙热爱大自然，并经常花很多时间观察花。她曾说："没人去观察花，真的，花太小，看花又费时间，我们都没有时间，看花需要花时间，如同交朋友也需要花时间。"我禁不住想，那些自称喜欢花的人，又花了多少时间去观察花呢?

象征独立的徽章

20 世纪 20 年代至 40 年代，马蹄莲是美国和墨西哥艺术家热衷的绘画主题，但在同一时期，欧洲的画家却很少画马蹄莲，大概因为他们更喜欢色彩艳丽、怒放张扬的花朵，比如向日葵、莲花、芍药等。马蹄莲的外观内敛保守，自然入不了他们的法眼。

但爱尔兰人喜欢马蹄莲，马蹄莲象征着爱尔兰的独立和自由。最初，爱尔兰共和女子会号召人们佩戴马蹄莲形状的徽章，以纪念 1916 年复活节起义中的牺牲者和为爱尔兰独立洒下热血的战士。

爱尔兰自中世纪起就被英国统治，但英国人主要信奉新教，爱尔兰人主要信奉罗马天主教。自都铎王朝时期以来，越来越多的英国新教徒移民爱尔兰，他们在当地享受政府给予的优惠政策，而爱尔兰本地人却遭受歧视。19 世纪 40 年代，由马铃薯病害引发的爱尔兰大饥荒导致 100 多万爱尔兰人丧命，还有 100 多万爱尔兰人不得不背井离乡。当时民怨沸腾，但英国政府却置之不理。在此背景下，爱尔兰共和派发动了 1916 年复活节起义。这场起义虽然以失败告终，却点燃了爱尔兰独立运动的火苗。爱尔兰独立战争紧随其后，最终迫使英政府做出让步，除北爱尔兰留在英国外，承认爱尔兰独立。

1925 年，爱尔兰共和女子会倡议人们在复活节期间佩戴马蹄莲徽章，纪念烈士，表达对和平的热爱。马蹄莲徽章上含有三种颜色：绿色、白色和橙色，这三种颜色正是爱尔兰共和国三色旗的颜色。绿色象征爱尔兰的盖尔和天主教传统，橙色象征新教定居者，中间的白色象征双方的和平共存。这些崇高的使命和马蹄莲肃穆圣洁的气质相契合。

　　我注意到，爱尔兰人有时会用"复活节百合"称呼马蹄莲，不知情的话，还以为就是百合花。我查阅了爱尔兰历史上号召人们佩戴马蹄莲徽章的数幅宣传页，完全可以确定他们所指的"复活节百合"就是马蹄莲。

　　简洁素朴的马蹄莲拥有这么多的故事，它们既性感又保守，既充满诱惑，又可以用来缅怀先烈。这正如 1937 年，凯瑟琳·赫本在电影《摘星梦难圆》中对它们的评价："马蹄莲又开花了，它是如此奇怪的花，适合所有的场合。我在我的婚礼上捧着它们。现在，我将它们放在这里，纪念那些已经逝去的东西。"的确，马蹄莲是一种奇怪的花儿。关于它们，奇怪的问题还有很多，比如，马蹄莲的英文名是"calla lily"，含有"百合"字眼，但是谁为它起了中文名"马蹄莲"？尽管它的名字里有"莲"，但它并不是莲花，甚至不是水生植物。这些奇怪的问题等着喜欢花的人们去探索。

11

虞美人，
生离死别的悲歌

Common Poppy, Papaver rhoeas

虞美人，是一个好听的名字。在中国历史上，虞美人是伴随在项羽身边的虞姬，她美丽而勇敢；在英国和欧洲其他国家，每年五六月间，一种名叫虞美人的花在田野里轻盈、孤傲地舞蹈着。

是虞美人，不是鸦片花

5 月的一天，我发现通往后院的栅栏门附近冒出几株杂草，过了几周，居然有花盛开，是红色虞美人！是风带它们来的。红色虞美人是英国常见的花，它们经常在山坡田野盛开，红得浩浩荡荡，但每一株又都楚楚动人。

我赶紧给虞美人拍照、发朋友圈。朋友问：你们那里允许种罂粟？是的，很多人会将虞美人和罂粟混淆。两者都属于罂粟科，却是非常不同的植物。虞美人的英文名是 "common poppy" " corn poppy" "field

虞美人

COMMON POPPY

poppy""red poppy"等,而用于制作鸦片的罂粟花通常被称为"opium poppy"。仔细区分的话,虞美人茎秆纤弱,有浓密的糙毛,罂粟茎秆则相对粗壮,光滑或糙毛少;虞美人的花径小,罂粟的花径大;虞美人的叶片呈羽状分裂,叶质较薄,罂粟的叶片不分裂,叶质厚实。

英国国殇纪念日期间,即每年的 11 月 11 日前后,人们会在胸前佩戴小红花,纪念牺牲的战士。这个小红花就是虞美人,而非罂粟花。有一年国殇纪念日前,时任英国首相卡梅伦访问中国时戴了一朵小红花,被某些中国记者误认为是鸦片花。虞美人不该背这个锅,但谁让它们长得像呢?

就连将罂粟花当作爱情见证的诗人保罗·策兰和英格褒·巴赫曼也认错了花。策兰是德国犹太人,父母死于纳粹集中营。而巴赫曼出生于奥地利,她的父亲早年是纳粹士兵。1948 年 5 月,两人在维也纳相识相爱。在他们的书信往来、诗歌唱和中,罂粟花是一个重要的意象,象征两人之间充满父辈阴影和历史伤痕的爱情。认识不久,巴赫曼就写信告诉父母,她的房间成了"罂粟花的田野",这些花是策兰送给她的。

1949 年 6 月 20 日,策兰写信给巴赫曼:"……我希望,除了你没有别人在那里,当我将罂粟花——如此多的罂粟花和记忆——也是如此多的记忆,两束光灿灿地竖立在你生日庆祝的桌子上时。"6 月 24 日,巴赫曼回信:"我又闻到了那罂粟花,深深地,如此地深,你是如此奇妙地将它变化出来,我永远都不会忘。"

策兰在诗歌《花冠》中写道:"我们互看,我们交换黑暗的词,我们互爱如罂粟及记忆……"后来,策兰又写信给巴赫曼:"看这些被踩躏,被鲜血浸染的田野,这些红色的罂粟花真能治愈吗?"

实际上,鸦片罂粟在欧洲的数量极少,遍布欧洲的罂粟科的花,通常都是虞美人。如果巴赫曼和策兰发现心心念念的罂粟花并不是那朵毒罂粟，而是人畜无害的虞美人，那么他们之间那般痛苦、复杂、悲剧式的爱情会不会是另一个结局呢？

国殇纪念日专用花

虞美人成为英国国殇纪念日的专用花，已有 100 多年的历史了，故事要从"一战"说起。

佛兰德斯位于比利时西部，是"一战"期间最惨烈的战场之一，那里到处盛开着虞美人。战争期间，加拿大军医、诗人约翰·麦克雷目睹了 22 岁的战友亚历克西斯·赫尔默在战场遇难，悲痛不已，创作了诗歌《在佛兰德斯战场》。诗中写道："佛兰德斯战场，虞美人迎风绽放，在一排又一排的十字架间，标示我们最终的归所，云雀依旧翱翔在空中振翅高歌，声音细琐难辨，只因底下战场枪炮正响……"同年 12 月，该诗发表在英国《笨拙》杂志上。

1918 年，在美国海外战争秘书处做志愿者的美国学者莫伊娜·迈克尔教授读到这首诗，非常感动。当年 11 月，她刚好要参加秘书处组织的年会，便用自己的薪水订制了 25 朵丝制的虞美人胸花送给参会者，倡议大家用虞美人纪念阵亡战士。在她的呼吁下，1920 年，美国军团决定将虞美人作为官方纪念花。

当时参会的还有法国人安娜·葛辛，她组织流亡美国的法国寡妇们制作了上百万朵虞美人纪念花。葛辛也被誉为"来自法国的虞美人女士"。很快，消息传到伦敦。英国陆军少校乔治·豪森向退伍军人组织英国军团提议向公众分发虞美人纪念花，并同时进行募捐活动，用筹集到的钱帮助处境困难的退伍军人和家属。后来，虞美人成为英国纪念两次世界大战和阵亡将士的官方象征。英国皇家军队慈善组织的网站上写着：红色虞美人既是对烈士的纪念，又表达对和平的希望。

在中国历史上，人们用虞美人为花命名，并缅怀虞姬；在英国等国家，人们用虞美人悼念烈士。虞美人这个名字不禁让人感到丝丝的感伤。巧合的是，虞美人的花语正是"生离死别和悲歌"。

盛开在莫奈和凡·高的笔下

在宫崎骏担任编剧的日本动画片《虞美人盛开的山坡》中，高中女生小海每天到山坡上升旗，纪念出海未归的爸爸，旗杆的旁边盛开着零散几株虞美人。该影片中虞美人出现的镜头很少，而虞美人繁花似锦的场景，可以在宫崎骏钟爱的法国画家克劳德·莫奈的作品中找到。

1873 年的《虞美人》、1875 年的《虞美人田野》、1879 年的《韦特伊附近的虞美人田野》、1880 年的《韦特伊的景色》等画作，都是莫奈画笔下的虞美人。莫奈时常用神奇的红色捕捉这些令人兴奋的草地上的珍宝：它们华丽又颓废，对抗着天空神秘的蓝色，对抗着田野无尽的绿色。

在莫奈的数幅虞美人画作中，有一幅叫《虞美人》的格外打动人心。1871 年冬天，莫奈结束颠沛流离的生活，和家人在巴黎郊区的阿让特伊镇定居下来。《虞美人》就是在这个时期创作的。画中，远处是蓝天白云、树林和房子，莫奈的妻子卡米尔和儿子简穿过虞美人田野缓缓而行，卡米尔撑着伞，简采了一束虞美人捧在手中。母子两人在画中出现了两次，仿佛在虞美人花海里游弋。那远处的房子，正是莫奈一家人住的地方。这幅画让人感到云淡风轻，岁月静好。

莫奈和家人在阿让特伊镇生活了约八年，之后搬到了韦特伊。此时，卡米尔备受癌症折磨，莫奈的收入捉襟见肘，甚至无法承担妻子的医药费，一家人的生活笼罩在阴影里。1879 年夏天，莫奈完成作品《韦特伊附近的虞美人田野》。火红的虞美人田野里站着一个女子和三个小孩，女子在采摘虞美人，而孩子们在嬉戏。有人认为这个女子就是莫奈的妻子卡米尔。整幅画和谐安详，并没有表现出一丝一毫莫奈当时的穷苦潦倒。或许，莫奈和妻子只能从这些如梦似幻的美景中寻求安慰。同年秋天，年仅 32 岁的卡米尔病故。睹物思人，这幅虞美人的画，是否象征妻子最后的欢愉？

另一位印象派大师凡·高也很喜欢画虞美人。从 1886 年到 1890 年，凡·高一共创作了七幅以虞美人为主题的画作。凡·高喜欢画花，但他也不得不画花——因为没钱请模特。1886 年，凡·高曾写信给英国画家霍勒斯·曼恩·利文斯，告诉他："我没钱请模特，画不了人物画，但画了一系列彩色画，主要是花，红色虞美人、蓝色矢车菊和勿忘草。"

凡·高离世前，曾多次画过虞美人，他赋予虞美人炽热的生命力和情感。1890 年 5 月，在弟弟的安排下，凡·高搬到巴黎北部的小村庄奥维，并在这里度过了他生命的最后三个月。当时，附近田野里的虞美人正如火如荼地盛开，凡·高被这美景吸引，画了《虞美人田野》。这幅画的构图和色彩的运用像极了莫奈的《韦特伊附近的虞美人田野》：远处是天空、树的轮廓，近处是虞美人田野。但两者的不同之处也显而易见。如果说莫奈在作品中是将苦闷与忧思隐藏起来，凡·高则将自己的情感淋漓尽致地表现了出来。他画的《虞美人田野》饱含动荡与不安，因为他当时的精神状况越来越糟糕，他感到孤独无助。

此后，凡·高又画了《雏菊与虞美人》。这幅画作原名为 *Vase with Daisies and Poppies*。有人认为这里的 Poppies 是罂粟花，但从画作来看，应是虞美人，而且欧洲田野里的 Poppies 通常是虞美人，而不是罂粟花。画中是满满一瓶子插花，最显眼的则是红艳的虞美人，它们热烈鲜明，散发着生命的气息，而这些鲜活的虞美人正来自几周后凡·高企图自杀的那片田野。

太多遗憾、忧愁、缅怀、哀思似乎都聚集在虞美人身上——它们艳里藏悲、娇中含怨，等风起时，继续生生不息的诀别之舞。

12

蒲公英，
打不死的"花中小强"

Dandelion, Taraxacum dens-leonis

当蒲公英的绒球挂满山野时，夏天来了。看到它们，我立刻会产生两种冲动：一是吹绒球，看小降落伞满天飞；二是将它们从土里拔出来，斩草除根。蒲公英是我童年的玩具，用蒲公英的小黄花编织花冠，戴在头上，或是比赛吹绒球，看谁吹得最远；而将它们从土里拔出来则缘于我在英国生活的习惯——英国的园丁、农夫视蒲公英为杂草，各种嫌弃。于是，我在收拾自家小花园时，蒲公英便也成了清除的对象。

最成功的生存大师

蒲公英，英文名为"dandelion"，本义是"狮子的牙齿"，因为它的叶子边缘呈锯齿状，像是狮子的满嘴尖牙。它也真的像狮子的牙齿一样坚强。

蒲公英

DANDELION

美国作家哈尔·勃兰德描述道："我整个周末都在对付蒲公英，但周一的下午就又看到它们调皮地冒出来，饱满而华丽的花骨朵儿，要多可爱有多可爱，只有蒲公英可以在逆境中灿烂盛开。"

　　不管你爱它们，还是恨它们，倔强坚强的蒲公英都已经成为人类最熟悉的植物之一，也是这个世界上最成功的生存大师，它们可以遍地生长，无论是在渺无人烟的山谷里，还是在路边的建筑工地或停车场里。它们的生长速度极快，从开花到结种，只需要几天时间；它们不需要小昆虫的协助就可以自花授粉，种子可以随风扩散，能飞到几公里之外；它们的叶子坚硬，可以穿过砾石和水泥，能够在贫瘠的土壤里繁衍生息；它们的寿命很长，在儿童乐园场地上默默生长的它们，可能比在它们周围玩耍的小朋友的年纪都要大。

　　蒲公英的根扎得很深，它们的主根最深可扎

到地下四五米，需要用工具才能挖出来。每次我将蒲公英从土里揪出来时，都颇有成就感。但这并不算完，它的根如同希腊神话中的九头蛇，砍掉一个头就会冒出两个新的头，并且，这些根会克隆，二三厘米长的一小截断根，就可以长成一株新的蒲公英。

大概 10~11 世纪，一位阿拉伯医生记述了这种植物的药效，之后这本书被介绍到欧洲，于是，蒲公英也成为欧洲重要的药材。蒲公英浑身是宝，它富含抗氧化成分，可以增强免疫系统功能；也能促进消化，有助于减肥；还可以凉拌、做汤、制成咖啡或茶。

蒲公英咖啡在英国有 200 多年的历史。《简·爱》的作者夏洛蒂·勃朗特就曾喝过蒲公英咖啡，那可是一种奢侈的咖啡。据记载，1849 年 5 月 25 日，夏洛蒂·勃朗特和妹妹安妮·勃朗特，以及她们的好友艾伦·努西乘火车从她们在约克郡的家中来到海边小镇斯卡伯勒。她们刚到小镇，便用蒲公英咖啡来犒劳自己。当时，安妮有病在身。后人推测，她们喝的蒲公英咖啡实际上并非真正的咖啡，而是一种对健康有益的替代饮品。当时的蒲公英咖啡价格不菲，更像是一种昂贵的医疗饮品。英国作家约翰·弗伦奇·伯克在《英国农业：英国各地的种植实践》中介绍了蒲公英咖啡的做法："挖出蒲公英的根，洗净但不要用刀刮；将它们晾干，切成豌豆大小的碎物，然后将其放入咖啡烘焙器中烘烤，用咖啡研磨器研磨。做好蒲公英咖啡的最大秘诀是用新鲜的蒲公英。"

如今，蒲公英咖啡已经很少见了，不过，人们经常把蒲公英的根处理制作成蒲公英茶。这种茶物美价廉，可以用来改善食欲，缓解消化系统疾病。

安徒生的偏爱

尽管蒲公英有这么多优点，但它其貌不扬，又太容易生长，所以根本不被人稀罕。并且因为它们经常抢占草坪的领地，破坏草坪的整齐和平整，令很多喜欢草坪的欧洲人深恶痛绝。他们将蒲公英视为杂草，关于如何对付蒲公英的妙招比比皆是：用开水烫、用醋喷、撒盐、用纸板或黑色塑料袋遮住阳光把蒲公英捂死、养鸡或兔子等动物把蒲公英吃掉……但蒲公英不妥协，见缝插针，找个角落继续生长。

当人们对蒲公英喋喋不休时，丹麦作家安徒生却钟情于它，并写了童话故事《区别》为它正名。故事的主人公是苹果枝和蒲公英。因为饱受伯爵夫人的赞美，苹果枝变得傲娇蛮横，它瞧不起其他野花野草，嘲笑被称为"魔鬼的牛奶桶"的蒲公英："可怜的被嫌弃的流浪者，我想你对自己的普通，以及拥有这样一个庸俗的名字而无能为力吧！植物和人类一样，分三六九等。"苹果枝认为，没有人会用蒲公英做花冠，它们只会被人踩在脚下；它们的种子像碎羊毛一样飞来飞去，粘在人们的衣服上，只会让人讨厌。

不过，一群孩子跑到草地上玩耍，其中小点儿的男孩摘下黄色的蒲公英，天真烂漫地亲吻它，而大一些的孩子将蒲公英的黄花编织成链子或花冠，戴在脖子上、头上和肩膀上。他们也使劲儿吹蒲公英的绒球，因为奶奶告诉过他们，谁能一口气把绒球都吹掉，谁就可以在新年到来之前获得一套新衣服。于是，这朵受歧视的花成了孩子们的最爱。

过了一会儿，苹果枝又看到一位老妇人来到草地上，她弯腰用刀挖出蒲公英的根，她打算将一部分根烘焙，做成咖啡，将另一部分根卖给药剂师做药。

阳光告诉苹果枝，造物主充满无限的爱，无论时间、空间如何不同，都会平等对待所缔造的万物。这时，苹果枝看到伯爵夫人小心翼翼地捧着一束蒲公英回到家。伯爵夫人说："我要画苹果枝和蒲公英，苹果枝特别好看，但这朵可怜的蒲公英也很可爱。它获得万物主的另一种关照。它们虽然不同，但都是这个奇妙的世界的孩子。"阳光吻了一下蒲公英和苹果枝，说："我对万物公平公正，给的恩惠也都相同。"苹果枝羞红了脸。

安徒生用童话告诉人们：尽管植物各不相同，但它们有各自的价值，蒲公英有药用价值，苹果枝上长出的苹果可以食用，两者同样珍贵，没有高低贵贱之分。

这个诞生于 19 世纪中期的童话故事实际上影射的是当时的欧洲。经过资产阶级革命的洗礼，人与人之间的平等关系正在一步步地被写入宪法和法律。蒲公英再普通，它也是植物王国里的一员，需要被尊重。这和人类社会一样，人人生而平等，人人拥有若干不可剥夺的权利。

无法停留的爱

蒲公英的美丽和光彩并非没人注意到。作家经常把蒲公英和太阳联系在一起。

19 世纪，英国诗人罗伯特·布里吉斯写道："头发蓬乱的蒲公英，像是喝了太阳洒下来的火。"《洛丽塔》的作者、美籍俄裔作家弗拉基米尔·纳博科夫写道："大多数蒲公英从太阳变成了月亮。"也有人认为，蒲公英的一生代表了太阳、月亮和星星：灿烂的小黄花象征太阳，雪白的绒球象征月亮，迎着阳光漫天飞舞的种子像是闪烁的星星。

英国作家亨利·威廉姆森用蒲公英为自己的书命名，他于1922年出版了小说《蒲公英的时光》。这部作品以"一战"为背景，讲了一个小男孩成长的故事。在书的开头，威廉姆森援引英国作家理查德·杰弗里斯的话："书中没有什么东西能够触动我的蒲公英。"威廉姆森指出这本书的主题："我希望在未来的日子里，未来的思想家们会忘掉我们，发现更好的主意……让我们从这些蒲公英中获得一些炼金术。"

亨利·威廉姆森对蒲公英的喜爱之情，也体现在他的代表作《水獭塔卡》中，他将蒲公英和太阳置换，描述太阳"像一朵巨大的蒲公英悬挂在天空"。

我最近恰好看了日本动画片《朝花夕誓》，片中的蒲公英场景简直美哭！河岸边的绿草地上长满了蒲公英，它们个个顶着轻盈蓬松的绒球，在阳光的照射下，仿佛眨着眼睛的星星。小魔女玛奇亚带着她收养的孩子艾瑞尔在这里玩耍，艾瑞尔第一次喊玛奇亚妈妈便是在这片如梦如幻的草坪上。然而，艾瑞尔终究会长大，而玛奇亚却永远停留在15岁。艾瑞尔越大越觉得尴尬，他决定离开。得知儿子的想法后，玛奇亚痛不欲生，但她并没有挽留对方，而是让他走他自己选择的路。很多年后，依旧年轻的玛奇亚来看已经做了爷爷的艾瑞尔。在蒲公英盛开的草坪上，她遇到艾瑞尔的孙女，小女孩吹蒲公英绒球的场景让她思绪万千。艾瑞尔去世后，玛奇亚站在蒲公英草坪上嚎啕大哭，此时，蒲公英的绒球漫天飞舞，寄托着玛奇亚的爱与思念。

蒲公英的花语是"无法停留的爱"，用它寓意玛奇亚和艾瑞尔的母子之爱太合适不过了。这种爱很无奈，不能停留，却可以传承——玛奇亚用自己的爱教会艾瑞尔如何去爱，而艾瑞尔用这样的爱去爱他的妻子和孩子，他的孩子又用同样的爱去爱下一代。这正如同蒲公英，它们的孩子随时都会随风踏上征途，勇敢面对自己的人生。

　　虽然不起眼，相貌平平，但它们拥有温暖的黄色；虽然时常被人看轻，像杂草一样被对待，但它们不卑不亢；它们甘心做"打不死的小强"，柔韧坚强，展现着自己的生命力。我想，当我的小花园再有新生的蒲公英冒出来时，我一定要善待它们，即使将它们铲除，也不会像往常那样把它们丢进垃圾箱。对，我可以尝试做凉拌蒲公英，这样至少可以帮它实现"生而为植物"的一种价值吧。

13

芍药，
百花园中的治愈系

Double Peony, Paeonia officinalis

进入 6 月，爱丁堡劳瑞斯顿城堡庄园的芍药盛开了，甚是惊艳。这个时节，芍药是英国超市里经常售卖的插花，通常 5 英镑（约合 44 元人民币）能带走两三枝，算是价格比较昂贵的花了。这也足见英国人对芍药的喜爱之情。

名字源于希腊神话

我很小心地去分辨英文语境中的 "peony" 指的是牡丹还是芍药，甚至抱怨命名者给花乱起名，又或者，命名者把牡丹和芍药当成了一种花？的确，两者的花朵非常相似，但牡丹和芍药实际上大相径庭。牡丹属于木本植物，芍药则属于草本植物。两者的叶子也有明显的区别，牡丹的叶子是三瓣的，而芍药的叶子只有一瓣。

有人认为芍药原产自亚洲，也有植物学家认为在某些品种的芍

芍药

PEONY

药从亚洲传入欧洲前，欧洲本地已有自己的芍药。众说纷纭，但可以确定的是，芍药的英文名"peony"和希腊神话有关。

"peony"源自希腊神佩恩（Paeon）。在希腊神话中，佩恩是众神的医师，他聪明伶俐，深得人心。结果，佩恩的老师阿斯克勒庇俄斯对他妒忌不已，毕竟，老师也是医药之神，同行是冤家嘛。有一次，佩恩用芍药治愈了冥王的顽疾，这一功劳更让阿斯克勒庇俄斯羡慕嫉妒恨，决定对佩恩下手。冥王得知此事后，赶紧把佩恩变成一朵美丽的芍药，救了他的命。后来，芍药的花语就含有"怜惜"之意。

另一个传说认为"peony"和希腊仙女派俄尼亚（Paeonia）有关，而"Paeonia"正是芍药的拉丁文名。派俄尼亚的美貌吸引了太阳神阿波罗，阿波罗向她献殷勤，两人开始调情。没想到这一幕被阿波罗的妻子爱神阿芙洛狄忒看得清清楚楚。大老婆可不好惹，并且这不是阿波罗第一次拈花惹草了，气急败坏的阿芙洛狄忒将派俄尼亚变成了芍药。

这个传说很可能是导致芍药在维多利亚时代不受人待见的原因。当时人们认为，谁挖到芍药，谁就会倒大霉；谁把芍药挖走，谁就会受到仙女的诅咒。有趣的是，在中国古代，芍药还有一个别名叫"将离"，这和希腊神话中仙女派俄尼亚的消失不谋而合。

据史料记载，芍药最初是英国人餐桌上的食物。中世纪英格兰诗人威廉·兰格伦在他的长诗《农夫皮尔斯》中写道："我有胡椒粉和芍药，以及一磅盐。"此处，芍药是一种调料。14、15 世纪，人们用芍药根制作烤肉的佐料，但不能确定的是，这里的芍药到底是现在概念的芍药，还是另有所指。

到 15 世纪末，芍药因其美丽的花朵，在欧洲被广泛种植。19 世纪，前往东方探险、搜集植物花卉的欧洲人陆续将更多品种的芍药从中国带到欧洲。到维多利亚时代，芍药成为英国市面上常见的花卉。

芍药的药用价值也备受推崇。无论在亚洲还是欧洲，芍药的根、茎、种子和花朵都具药用价值。古希腊人和中世纪的基督教徒认为芍药有治病的功效，象征治愈。

写到这儿，我不由得佩服中国古人的严谨和智慧，光看花名，便可以知道芍药是一种药用价值极高的花。而且，这个名字和牡丹不沾一点儿边，从两者的名字就可以判断出它们肯定不是同类。然而在英文中，"peony"经常让人不知所云。欧洲人给花起名，是不是有些敷衍呢？

雷诺阿对它们情有独钟

凡·高喜欢画向日葵，莫奈擅长画睡莲，另一位印象派大师雷诺阿最钟情芍药。

很多人以为雷诺阿画的是牡丹，但他们错了。分辨芍药和牡丹只需看它们的叶子，于是，我发现雷诺阿画的 10 多幅被人认为含有牡丹的画，实际上画的都是芍药，而不是牡丹。在这些画中，雷诺阿描绘了不同场景下的芍药：或是五颜六色满满一瓶芍药，或是一大把红芍药，或是芍药和玫瑰同瓶。这些芍药风情万种：有慵懒地探出头的，有亭亭玉立的，有喜笑颜开的，也有颔首低垂的。

雷诺阿一直都很喜欢画花，他曾表示画花让他的大脑放松，不会像画模特时那样紧张。18 世纪末开始，芍药已在欧洲流行，雷诺阿显然被这种雍容华贵、充满异域色彩的花吸引，但不同于好友莫奈所画睡莲的深沉与隐晦，雷诺阿画的芍药热烈明媚，纯粹在展示花的妖艳。他说："对我而言，一幅画原本就应该是可爱的，令人感到愉悦开心的。"有人质疑他的画浅薄单调，他回答："我认为印象主义画派最重要的是：我们的作品可以不再受主题的牵制。我有画花的自由，有给画起名就是某某花的自由，不用非得讲什么故事。"

在雷诺阿的画笔下，这些芍药本身就是故事。它们花大如盘，耀眼夺目，但因开在细茎上，看起来随时可能会歪倒，弱不禁风。换个角度看，它们又像一个个巨大的建筑物，平地而起，悬浮在空中，如同宫崎骏动画中的漂浮岛或移动的城堡，令人浮想联翩。

大自然的诗篇

有人画芍药，有人为芍药写诗。美国女诗人玛丽·奥利弗从芍药那里获得灵感创作了诗歌《芍药》，其中第一句写道："今天早上芍药的绿拳头已经准备就绪，来伤我的心，当太阳冉冉升起，笨手笨脚地抚摸着它们。"看到这，我就知道诗人对芍药是真爱了，没有弄错芍药和牡丹，因为只有芍药的花骨朵儿是拳头状的，牡丹的花骨朵有尖角，接近锥形。

奥利弗写芍药"无论是白色，还是粉色，黑色的蚂蚁整天在它们上面爬……贪婪地把蜜汁带走，带到黑暗里，带到地下的城市"，"它们整日在多变的风里摇曳，像是在一场伟大的婚礼上起舞"。

奥利弗问芍药："你爱这个世界吗？你珍视你卑微谨慎的一生吗？你喜欢威胁你的绿草吗？"又描绘道："你匆匆忙忙，衣服还没有穿好，赤着脚，轻轻地跑进花园，呼喊着亲爱的，怀抱着白色和粉色的花。"结尾，奥利弗写芍药："这一刻疯狂且完美，即使下一刻永远一文不值。"

这是一首充满哲理的诗，表达的是一种珍惜当下的生活理念，即在"这一刻疯狂且完美"。《芍药》是奥利弗的真实感悟。她在朋友的农场帮忙，看到蚂蚁在美丽的花上爬上爬下，美丽被亵渎、摧残，但这些不妨碍芍药光彩照人。诗人从芍药那里明白：珍惜此刻，活在当下。

奥利弗的诗歌里洋溢着一种新型浪漫主义。她写芍药，写大自然，并借助它们探讨更深刻的主题，比如爱、失落、喜悦和惊讶等。大自然最初是奥利弗疗伤的港湾。她小时候曾被性侵，也没得到过多少来自家庭的温暖，于是，她投入了大自然的怀抱。她无数次在家附近的小树林里散步；她带着惠特曼的诗歌，累了就坐在树下阅读；她观察蘑菇的生长，凝视安静的池塘，聆听小鸟的细语。她最终在大自然里找到宽慰，可以重新爱这个世界。奥利弗曾说过："如果没有大自然，我不可能成为诗人。"正因为热爱大自然，奥利弗才能够读懂芍药，感受到芍药的生命力。

雷诺阿画笔下的芍药绚丽多彩，恣意开放，用生命的颜色为世人留下希望和美好；奥利弗的芍药诗歌启发人们抛却烦恼，发现和享受当下的美好。这些都呼应了远古传说中芍药的治愈作用。美好总是短暂，忘记过去的遗憾，接受现在的自己，就像芍药那样，在晨露里含笑绽放，在春风里尽情舞蹈，哪怕下一刻被黑暗吞噬，或"永远一文不值"，也毫不慌张。

14

犬蔷薇：

有花有刺的人生

Dog Rose, Rosa canina

我在散步时认识了犬蔷薇：长满绿叶的枝头上点缀着清秀淡雅的小花，小花开得羞羞答答，不热烈也不奔放，宛如乖巧的小家碧玉，又像是几只蝴蝶停落在绿屏障上，柔弱得让人不忍靠近，怕惊扰了它们的美梦。

我似乎每次出门都能遇见犬蔷薇。它们在湖边，在公路中心的环岛上，在野外的山坡上，在深深的山谷里。犬蔷薇是除蒲公英之外，我在爱丁堡见到的次数最多的花了。犬蔷薇花的颜色有粉色、淡粉色、淡紫色和白色等，十分美丽。然而，却很少有人理睬它们，甚至人们都不知道它们的名字，更不会想到它们就是欧洲玫瑰的始祖——野玫瑰。

后来，朋友告诉我，犬蔷薇有种淡雅的芳香，我才意识到我并没有闻过它们的气味，因为我从来都没有靠近过它们——倒不是怕惊扰了它们的美梦，而是因为犬蔷薇的枝条上带刺。

犬薔薇

DOG ROSE

"痒痒粉" 的恶作剧

犬蔷薇被人类驯化成玫瑰的历史要追溯到约 3900 年前。某些品种的玫瑰，如法国玫瑰、腓尼基玫瑰、麝香玫瑰等，都源自犬蔷薇。犬蔷薇名字的由来有好几种说法。一种观点认为它们的根可以治疗狂犬病，故而得名，但后人考证，犬蔷薇并不能治疗这种病。另一种观点认为其英文名"dog rose"中的"dog"由"dag"演变而来，"dag"的含义是匕首，形容这种花的花刺的形状，后来以讹传讹，单词拼写被搞错，便成了犬蔷薇。也有人推测，在花名前加"犬"字，是表示这种花一文不值，但这种说法遭到很多人的反对，因为即使犬蔷薇不如玫瑰美艳，它们也有自己的魅力。

犬蔷薇的花是单瓣花，且都只有五片花瓣。花的颜色以玫红和浅粉居多，单生或簇丛生。花的形状有点像桃花，却没有桃花那么娇贵，它们经受得住风吹雨打，不像桃花，风一吹，就落英缤纷了。犬蔷薇风餐露宿，从早春持续绽放到秋末，堪称性格泼辣狂野的花。

犬蔷薇浑身是宝：它们的花瓣可用于制作香水，叶子可以治疗外伤，鲜红色的小果子则是鸟儿最爱吃的食物。这些小果子富含维生素 C。"二战"期间，英国卫生和农业委员会曾专门组织民众采摘犬蔷薇的果子，将其做成果酱，以缓解当时新鲜水果匮乏的局面。犬蔷薇的果子也能用于制作红酒、果汁和茶等。

并且，这种果子还是恶作剧的道具。犬蔷薇的果子内有无数细小绒毛，英国人喜欢采集这些绒毛，将其做成"痒痒粉"。痒痒粉经常会出现在童书和卡通画里——悄悄往别人皮肤上撒一点儿痒痒粉，然后赶紧跑掉，对方会奇痒不止，不停地挠来挠去。在英国漫画《比诺》中，淘气的小孩儿经常将痒痒粉撒进别人的裤子里，然后拿着假蜘蛛吓他们。哈，英国人果然脑洞大，连恶作剧也别具一格。

不过，痒痒粉也是一种重要的药物。200多年前，人们用它来治疗皮肤病。有些病人因瘫痪等原因导致部分皮肤失去知觉，那么将痒痒粉涂抹于病人皮肤的表面，可以刺激皮肤感应。你现在大概不会想吃犬蔷薇果了吧，但不妨想象一下，倘若真的吃了没有处理过的犬蔷薇果，哪里会痒痒呢？

"粉丝神器"，向女王致敬

除了犬蔷薇和野玫瑰之名，它们还有一个名字：野蔷薇。在欧洲文学作品中，这种古老的植物经常被称为野蔷薇。显然，这个名字听上去比犬蔷薇更有意境。

乔叟在他的著作《坎特伯雷故事集》中，给一位颇具讽刺意味的女主人公起名为"野蔷薇太太"。英国文豪莎士比亚是爱花之人，他的戏剧作品中出现了50多种花的名字，其中就包括野蔷薇。他在《仲夏夜之梦》中，以仙王奥布朗的口吻，描述仙后泰坦尼娅睡觉的地方：“我知道百里香盛开的河岸，那有樱草和摇曳的紫罗兰；金银花、麝香玫瑰和野蔷薇，撑起茂盛的花蓬吐露芳菲；泰坦尼娅有时候夜眠花丛，花儿们柔姿轻舞伴她入梦……”

历史上，还有一位大人物和野蔷薇密切关联，她就是英国都铎王朝的最后一位君主、童贞女王伊丽莎白一世。

都铎王朝起源于“红白玫瑰”战争，红玫瑰代表兰开斯特家族，白玫瑰代表约克家族。后来，亨利七世以武力一统天下，统治了两个家族，并成为都铎王朝的第一位国王。都铎王朝将红白玫瑰相结合，装饰王朝徽章。显然，玫瑰成为这个朝代最高贵、最重要的花。

经常和伊丽莎白一世同框出现的花除了红白玫瑰，就是白色野蔷薇。据说，白色野蔷薇是伊丽莎白一世最喜欢的花，它们被誉为“女王的玫瑰”。有人分析，因为野蔷薇的花朵柔和、性格倔强，象征了英国人的某种韧性，所以女王喜欢它们。也有人认为，野蔷薇象征了女王的童贞，将女王和圣母玛利亚联系在了一起。

在很多场合，伊丽莎白一世的画像由红白玫瑰和白色野蔷薇装饰左右。收藏于大英博物馆的“凤凰珠宝”就是一件和女王有关的重要宝物。它是项链上的一个吊坠，吊坠中间是女王侧身像，四周环绕着红白玫瑰和白色野蔷薇。据考证，该女王像是仿照同时期英国微型画家尼古拉斯·希利亚德的作品打造的。

女王戴自己头像的吊坠是不是怪怪的？在博物馆工作的朋友给我指点迷津：它不是女王自己戴的，而是她的拥护者戴的，类似今天的“粉丝神器”。伊丽莎白女王一世的顾问、政府官员和侍女等，都有可能是这件珠宝的主人。

16世纪末，英国版画师威廉·罗杰斯完成雕版画《埃莱克塔玫瑰》，画的中间是伊丽莎白一世的肖像，左侧是象征都铎王朝的红白玫瑰，右侧是象征女王本人的野蔷薇。目前，《埃莱克塔玫瑰》版画只有两幅幸存，一幅收藏于英国的大英博物馆，一幅收藏于牛津大学的博德利图书馆。

了解了女王的喜好，老百姓们也会投其所好。1591 年 5 月，伊丽莎白女王前往塞西尔花园参观，一位园丁热情相迎，他首先在女王面前把玫瑰花大赞了一通，然后又继续评价野蔷薇："野蔷薇向我们展示：它们扎根地层越深，它们的花越香……"这位园丁十分能说会道，不过，有历史学家分析他可能是假扮的。

英国文艺复兴时期大学才子派诗人乔治·皮尔是莎士比亚同时代人，据称两人曾合写戏剧。皮尔对伊丽莎白一世忠心耿耿，曾创作诗歌《告别武器》庆祝"女王护冕者"典礼。1595 年，为庆祝女王生日，皮尔拿野蔷薇大做文章，他写道："戴上野蔷薇，戴上红白玫瑰花环，庆祝那一天。"

呼啸山庄的"野玫瑰之爱"

19 世纪的英国女作家勃朗特姐妹也和野蔷薇有不解之缘。我曾前往勃朗特姐妹故居，即位于北英格兰约克郡的霍沃思小镇参观，至今记得她们的房前是老教堂和古老的墓园，周围有各种各样的野花，犬蔷薇便是其中的一员。

在勃朗特协会的官网上可以看到《简·爱》作者夏洛蒂·勃朗特画的一幅野蔷薇的水彩画，她称它们为野玫瑰。她的妹妹艾米莉·勃朗特曾为野玫瑰作诗。艾米莉在诗歌《爱情与友谊》中写道："爱情好似野玫瑰，友谊犹如冬青树。野玫瑰盛开，冬青苍绿，哪个能够芳华永驻？春天里野玫瑰娇美可人，夏日里花朵把风儿薰香；可是等到冬季再次来临，谁还会夸野玫瑰漂亮？那时你不屑于枯萎的野玫瑰，而用冬青的光彩将你装扮，当十二月的严寒令人愁眉不展，你的冬青花环依旧绿意盎然。"

艾米莉在其 30 年的生涯中只写了一部长篇小说《呼啸山庄》，但创作了大量诗歌。她在这首《爱情与友谊》中，借助野玫瑰和冬青表达了自己的爱情观和友谊观。她认为爱情和友谊相关，但又存在根本差异，而友谊比爱情更重要，她督促人们选择友谊，不要留恋脆弱的爱情，提醒人们：当陷入爱河时，不要忽视了友谊，只有友谊才不会那么容易将人抛弃，当爱情逝去时，友谊常在。

这种观点显然和《呼啸山庄》中男女主人公的情感关系相呼应。女主人公凯瑟琳出生于一个富有的家庭，而希斯克里夫是个孤儿。凯瑟琳的爸爸在一个火车站发现并收养了希斯克里夫。于是，希斯克里夫和凯瑟琳两小无猜，两人一起度过了美好的童年时光。书中描述，对凯瑟琳而言，最大的惩罚就是"让她和希斯克里夫分开"。两人朝夕相处萌生的感情既有友谊，又有爱情，不过，因为误解和妒忌等原因，他们最终分道扬镳。之后，希斯克里夫开始了一系列的报复行动，但他依然深爱着凯瑟琳，并始终无法释怀。为了见凯瑟琳一面，他甚至要去掘她的墓。这样的爱情充满狂野、猛烈和执迷不悟，并具有破坏性，如同艾米莉眼中的"野玫瑰之爱"。

野花通常指的是没有经过园丁精心培育而开的花，与温和、驯服的家花不同，它们充满变数，也积聚着巨大的能量。因此，野玫瑰为爱情笼罩上不确定因素，甚至预示着极端、畸形的爱。艾米莉将"野玫瑰之爱"写得如此透彻动人，但她本人却根本没谈过恋爱。她羞涩内向，有社交恐惧症，不愿被人了解。这种古怪性格似乎确保了她可以一直躲在自己的世界里创作。英国学者克莱尔·奥卡拉汉在她撰写的《再评艾米莉·勃朗特》中指出："艾米莉具有一种独立的精神。"

艾米莉的一生像极了野玫瑰的一生。在维多利亚时代，男性占有绝对话语权，但勃朗特姐妹坚毅倔强，不随波逐流，而选择自己喜欢的、独具一格的生活。

勃朗特姐妹和伊丽莎白一世，隐忍、沉着、有胆识，又都自尊、自强、自立。她们至今都是闪耀于历史长河中的奇女子。她们像极了她们喜欢的犬蔷薇——自由生长，用暗香袭人，妖娆于每一个清晨和黄昏；看似娇嫩羸弱，却拥有足以保护自己的锋芒。

15

狐狸手套，
可毒杀可治愈

Foxglove, Digitalis purpurea

我一直很喜欢风铃，喜欢看一串串铃铛随风摇曳，这个偏好延续到了大自然中，我渴望看到风铃般的野花，设想它们该有多美啊。来英国不久，我和朋友去山野里散步，竟然真遇到了它们——犹如小铃铛般的花朵紧紧簇拥在挺拔的绿茎上，又好奇地使劲儿往外探着脑袋，每朵花似乎都要看个究竟、听个究竟，花朵拥挤但错落有致，花铃铛里的不规则圈圈圆圆像是小朋友的涂鸦。它们遍布山野，有紫色的、白色的、粉色的……朋友告诉我，它们是常见的英国野花：狐狸手套！我立刻被这个有趣的名字吸引，脑海里出现了狐狸的样子。英国的狐狸的确蛮多，我曾见过趴在我家花园草坪上晒太阳的狐狸。那么，狐狸手套和狐狸有着怎样的关系？狐狸手套是一种怎样的花呢？

狐狸手套

FOXGLOVE

它和狐狸的缘分

狐狸手套，又名洋地黄、毛地黄等，它是欧洲的土著花。在罗马神话中，这种花有疗愈作用，是司花朵、青春与欢乐的女神弗洛拉手中的神花。据说，众神之王朱庇特厌倦了天后朱诺，开始和别的女人偷情生孩子。朱诺求助于弗洛拉，弗洛拉就用洋地黄拍打了一下她的胸部和腹部，帮她怀上了孩子，这个孩子就是战神阿瑞斯。所以，洋地黄一度与治愈和魔法联系在一起。

洋地黄和狐狸结缘是最近几百年发生的事情。在欧洲,狐狸手套这个名字最早出现于 1542 年，在欧洲文艺复兴时期的医生、植物学家莱昂哈特·福克斯的笔记里。有一种观点认为，福克斯大概是用自己的姓给这种植物起了别名。因为"福克斯"这个姓在德语中就是狐狸的意思。手套又如何而来？洋地黄的拉丁语拼写为"digitalis"，和拉丁语中手指拼写"digitus"接近，而手指正好可用于描述这种花的形状。当花朵完全盛开时，它们可以套在手指上。于是，"狐狸手套"就这样诞生了。

斗转星移，这个名字的来源也被赋予了更多神秘色彩。一种观点认为，妖精将洋地黄的花朵送给狐狸，让狐狸把它们套在脚上，这样狐狸偷偷捕猎时，就不会弄出动静。另一种观点认为，狐狸喜欢在树木浓密的山坡上做窝，这些地段经常长满洋地黄，暗示这里是狐狸的地盘儿。人们也用更可怕的名字称呼洋地黄，比如"女巫手套""狮子的嘴"和"死人之钟"等，仅凭这样的名字，大概就可以吓退想要采摘它们的小孩呢。

在最早的关于花语的古书中，洋地黄象征谜语、难题和秘密，但到了维多利亚时代，它们已经具有危险、不诚实等消极含义，不知这是不是被狐狸连累的结果？数百年来，狐狸似乎一直不怎么受英国人待见，猎狐是英国人热衷的一项活动，直到21世纪初，该活动才被禁止。

以《彼得兔的故事》闻名的英国作家毕翠克丝·波特一向钟爱各种动植物，她对狐狸手套和狐狸的关系也了如指掌。在她的童话《杰米玛·帕德尔鸭的故事》中，狐狸手套花丛是不起眼但很重要的伏笔。

故事里，鸭太太杰米玛很想自己孵蛋，可是主人不让，于是她决定自己找地方孵蛋。她在小树林里摇摇摆摆地走着，突然发现一片茂盛的狐狸手套花丛，花丛中有一个树墩，她一下子就爱上了这个树墩。然而一位留着黄棕色络腮胡子的绅士，也就是狐狸先生，正坐在这个树墩上看报纸。在这里，狐狸手套表明这里是危险的境地，也预示着即将发生的骗局。但毛毛躁躁的鸭太太浑然不知，反而认为狐狸先生又帅又有礼貌，并听信他的花言巧语，跟他回了家……结果，鸭太太差点成了狐狸先生的"烤鸭"。

是良药，也是毒药

狐狸手套全株都有毒。显然，英国侦探女王阿加莎·克里斯蒂是狐狸手套的老朋友，她经常让作品中的凶手借助狐狸手套的毒素杀人。英国女小说家玛丽·韦布和英国女推理小说大师多萝西·塞耶斯也设置过用狐狸手套的毒素害人的情节。

在成为毒药之前，狐狸手套首先是救世良药。来自什罗普郡的英国医生威廉·威瑟灵最先对狐狸手套的药效进行了系统性的科学研究。18世纪下半叶，威瑟灵发现一名患有水肿的病人在使用了"什罗普郡的老婆婆"给他的某种药草后神奇地康复了。他分析发现，这种药草中含有狐狸手套。从此，威瑟灵开始用狐狸手套开展医疗实践。他的实践对象是 163 名病人，他仔细观察和记录他们用药的疗效。

1785 年，威瑟灵发表论文《关于狐狸手套及其药用的描述》，正式向世界公布：从狐狸手套中提取的药物洋地黄可以增强心脏功能，治疗心衰。他同时指出，这种药物特别危险，几克未经活性成分提炼的生药就能致人死亡。这个重要的发现为狐狸手套赢得"医药之花"的盛名。威瑟灵去世后，人们在他的墓碑上雕刻了一株狐狸手套花。

是救人，还是害人，剂量是关键。侦探小说家们敏锐地注意到洋地黄的这种独特性，开始天马行空地想象。在阿加莎的侦探小说《死亡约会》中，博因顿太太患有心脏病，平时会服用洋地黄，她的病情和治疗方式为想要杀害她的凶手提供了绝佳的掩护。凶手不用去药房买药，也不必去采撷狐狸手套自己配制，

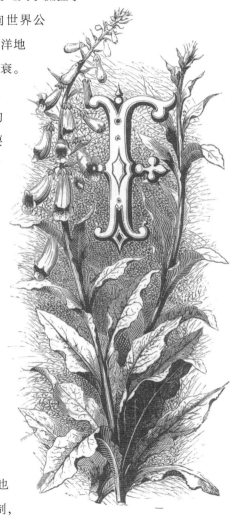

这种药就在博因顿太太的常用药箱里。并且，博因顿太太的死因可被判定为自然死亡或意外中毒，正如小说中杰拉德医生的解释，"狐狸手套中的活性成分会害死人，且不会留下明显的线索"。

但无论如何，洋地黄曾拯救了成千上万人的生命。"二战"期间，商品进口受阻，英国药物短缺，英国妇女协会便组织志愿者到城乡郊野为药厂采集可以制药的植物，其中就包括狐狸手套。1941 年，志愿者们在牛津及周围地区采集到大量狐狸手套，制作出 35 万剂心脏病药物，为大约 1000 名心脏病患者提供了一年的药物。

荷兰印象派大师凡·高晚年很有可能也使用了洋地黄。1890 年，凡·高为当时给他治病的保罗·加歇医生画了两幅肖像画，在这两幅画中，加歇面前都摆放着一枝狐狸手套花。有人认为，加歇试图用洋地黄治疗凡·高的癫痫病，不过，也有人认为，狐狸手套是当时的重要药用植物，只是用来象征加歇的职业的。

爱情有毒，却奋不顾身

英国桂冠诗人华兹华斯很早就注意到狐狸手套的毒性。他在 1842 年发表的《边界人》中写道："我可怜的孩子，一直在哭，我想，他是饿哭的。但我一无所有，无法给他任何吃的；于是，我将一枝狐狸手套花放在他的手中，他很开心，一下子变得安静：一只蜜蜂冲过来，飞进一朵让孩子高兴的带斑点的花铃，被关在了里面，孩子把花放在耳边，突然脸变成黑色，像是马上要死掉了一样。"在这里，狐狸手套象征母子穷困潦倒，处于生死边缘。字里行间洋溢着浪漫主义色彩，却又是彻底的悲剧。

很多画家会将狐狸手套画进作品里，其中最著名的一幅画是英国拉斐尔前派代表画家约翰·米莱斯于 1853 年画的艾菲·格雷的肖像画《艾菲戴着狐狸手套》。格雷是英国艺术评论家、画家约翰·罗斯金的妻子。画中，格雷侧身而坐，认真做着缝纫活儿，她身穿深红色的连衣裙，胸前系着绿色的绸带。她的头发上插着一串紫红色的狐狸手套，美丽而别致。

这一幅看似普通、尺寸也不大的画作，却隐藏着大故事。1853 年夏天，罗斯金邀请米莱斯到苏格兰度假，顺便让他为自己画一幅全身像，他的妻子格雷和他同往。三人在特罗萨克斯的特克桥小镇住了约四个月。罗斯金脾气倔强，格雷和他的婚姻并不幸福，帅气文雅的米莱斯的出现，让格雷动了心，米莱斯也被温柔美丽的格雷吸引。在那段时间里，米莱斯为格雷画了很多幅肖像画，其中就包括这幅《艾菲戴着狐狸手套》。7 月 14 日，罗斯金写信告诉父亲："最近又一直下雨，但米莱斯画了一幅格雷的习作，格雷的头发上插着狐狸手套，非常好看。"7 月 19 日，罗斯金又写道："米莱斯送给我好多幅他的习作，包括这幅好看的头发上插着狐狸手套的格雷，它至少值 50 英镑。"

这边，罗斯金盘算着米莱斯送的画可以卖多少钱；那边，米莱斯和格雷暗生情愫。而画中的狐狸手套也耐人寻味。在苏格兰，狐狸手套漫山遍野，它们的毒性人尽皆知，当地人甚至称它是"苏格兰的水银"。尽管它美丽妖娆，但很少有人会触碰它，更不会将它插在头发上。狐狸手套似乎寓意米莱斯对格雷的爱——毕竟格雷已经名花有主，是艺术界大佬的妻子，这场爱情无疑是毒药，米莱斯明知有毒，却奋不顾身地去爱。

戏剧化的是，毒药最终变成了良药。1854 年，格雷离婚，并与米莱斯结婚。两人婚后幸福美满，生了八个孩子。这段三角恋一直被后人反复考据。有人指出格雷和罗斯金离婚的原因是两人一直没有圆房，也有人认为罗斯金和他的家人都不喜欢格雷，故意施计让她红杏出墙。不管怎样，《艾菲戴着狐狸手套》是格雷和米莱斯爱情的见证。这幅画目前收藏于英国怀特威克庄园。

　　毒药总和恶毒、危险、致命联系在一起，狐狸手套的独特性在于，它的毒素若使用恰当就能够治病救人。这何尝不是在表明事物的两面性？既是良药，又是毒药，两者相反又相成。带毒的狐狸手套像极了坎坷的爱情，有些爱情注定要经历波折，需要很多勇气，需要打破世俗的阻力和束缚。米莱斯并没有被爱情的毒吓倒，相反，他勇敢去爱，最终如愿以偿。如果说爱情是毒药，那爱情也是解药。

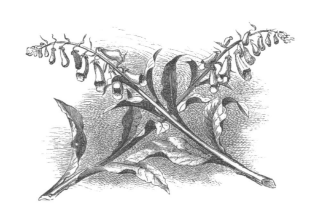

16

鸢尾花，

灵性的花遇上冒险的灵魂

Iris, Iris pseudacorus

在中国古代，风筝被称作纸鸢。鸢是一种猛禽，嘴短，而翅和尾狭长，这大概是说风筝看起来很像一只在空中翱翔的鸟。后来，我在爱丁堡皇家植物园第一次看到一朵朵轻盈婀娜、颜色各异的鸢尾花。有人说鸢尾花之所以叫这个名字，是因为它的花瓣就像鸢的尾巴，但我觉得不像，并且，我怎么也无法将娇嫩的鸢尾花同个性凶猛、极具攻击力的猛禽联系在一起。倒是鸢尾花的英文名字"艾瑞斯"（Iris）——即彩虹女神——更符合它的气质。

带着黄色鸢尾花去作战

艾瑞斯这个名字可追溯到古希腊神话传说。传说，奥林匹斯山诸神中有一位叫艾瑞斯的女神，她是天后赫拉的信使，职责之一是帮天后传信儿。艾瑞斯以彩虹为路，从天上到地下，款款而来，因此

鸢尾花

IRIS

被称为彩虹女神。在古希腊、古罗马时期，她经常被画成一位带金色翅膀、手中捧着一个大水瓶的美丽女子。

有一次，诸神为众花举行一场盛大的宴会，花儿们都穿着最漂亮的衣服出席，但有一朵可怜的小花却穿着破旧不堪的衣服，独自躲在角落里。艾瑞斯发现了她，心生怜悯，对她说："你一定会穿得和我一样漂亮！"在第二年的聚会上，那朵小花果然以最耀眼的着装闪亮登场——那是一件彩虹颜色的礼服。从此，这朵花被命名为艾瑞斯。如今，繁衍不息的艾瑞斯，也就是鸢尾花，拥有着彩虹般五颜六色的花朵。

在人世间，帝王将相认为鸢尾花有种神奇的力量，也喜欢它们。古埃及人认为鸢尾花象征善辩和力量，除了把它刻在建筑上，还时常将它绘于狮身人面像的额头和统治者的权杖上。到了古代巴比伦，鸢尾花甚至成为皇室的象征。法国贵族最喜欢鸢尾花，特别是黄色鸢尾花。在法国，很多王室建筑、服饰图案和器皿装饰上都会有鸢尾花的图案，这些图案通常呈金黄色。这类标志被称为"鸢尾花纹章"，关于它们的来历众说纷纭。

相传法兰克王国奠基人、国王克洛维一世是鸢尾花纹章的首位倡导者。公元507年，克洛维一世对西哥特王国发动战争，他带领的部队被一条很深的河阻挡。突然一只受了惊吓的鹿从浅水区顺利过河，克洛维由此得知可以过河的地段，这时，河水中长出众多黄色鸢尾花。克洛维和部队安全过河，并最终获胜。于是，克洛维将鸢尾花视为胜利的象征，下令绘制在旗帜、国徽和盾牌上。

有些传说将鸢尾花与克洛维一世皈依天主教的历史相联系。据说，克洛维一世作战时遇到一支强大的军队，忧心忡忡。他的盾牌在开战之前突然变成了蓝色，并且上面出现了金黄色鸢尾花的图案。

克洛维赶忙放下它，拿起另一个盾牌，同样的怪事再次发生，克洛维不得不带着这样的盾牌作战。结果，他勇往无敌，胜利而归。克洛维一世的王后笃信天主教，她认为这是上帝在帮他——盾牌上的蓝色代表天堂，金黄色代表他统治的时期将是黄金时代，这足以说服克洛维一世成为天主教徒。

从此，克洛维决定皈依天主教。他在接受洗礼时，上帝赐给了他鸢尾花。为了体现君权神授，强调其王位的合法性，克洛维一世将鸢尾花作为法国的标志。

在这个故事里，鸢尾花被认为是上帝显灵之物，鸢尾花纹章也成为这段神奇历史的见证。

永不消逝的紫色鸢尾花

2020 年春天，我在阿姆斯特丹的凡·高博物馆看到凡·高的两幅鸢尾花作品——《鸢尾花》和《阿尔勒附近的鸢尾花田》，不由慨叹：凡·高真是颜色搭配大师！第一幅画中，一束紫色的鸢尾花插在棕黄色的花瓶里，画板底色是金黄色。第二幅画中，一排紫色的鸢尾花和金黄色的田野交相辉映。紫色的对比色正是黄色，这两种颜色搭配，热烈而明媚。

凡·高画鸢尾花的原因之一大概是他和它们的相遇。1888 年 2 月，厌倦了巴黎生活的凡·高移居法国东南部小城阿尔勒，他被阿尔勒的自然景观吸引，喜欢黄色庄稼和紫色鸢尾花之间的对比。这样的景致似乎也让他看到了他喜欢的日本版画里的世界。日本艺术家喜欢在构图中使用大面积的色彩，并时常放大前景中的细节。凡·高决定借鉴这样的手法，于是，《阿尔勒附近的鸢尾花田》就在这样的背景下诞生了。在这幅画中，远处的树木轮廓稍淡，而近处的鸢尾花具体细腻。凡·高在阳光明媚的阿尔勒找到了心目中的日本，他给弟弟写信说："这里就是梦境中的日本。"

　　然而，间歇性的困惑、幻觉和自残，导致凡·高的健康每况愈下。1889 年 5 月，凡·高住进了法国南部的圣雷米精神病院。医生不准他外出，只允许他在精神病院的小花园里活动。正是在这里，凡·高再次邂逅了怒放的鸢尾花。神秘而熟悉的鸢尾花给凡·高带去了安慰和喜悦，他在入院后的第一周便开始画另一幅《鸢尾花》。《鸢尾花》简洁生动，每朵鸢尾花都像拥有无尽的生命力，向四面八方使劲儿探着脑袋，似乎要逃出花瓶的束缚，拥抱外面的世界。我不禁想，凡·高当时是否也怀有同样的心情？他虽然在精神病院里过得悠闲平静，但他的画笔却在渴望更广阔的世界。

　　对凡·高而言，《鸢尾花》就是用来研究色彩运用的作品。

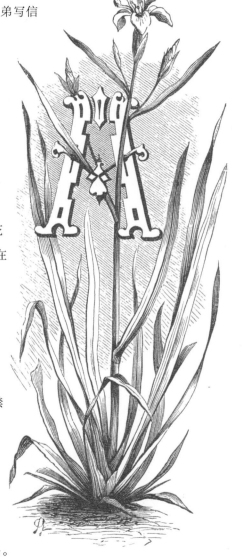

将紫色的花朵放在黄色背景上，从而尝试强烈的色彩对比。并且，凡·高用同一束鸢尾花创作了另一幅画作（现收藏于美国大都会艺术博物馆），将紫色鸢尾花和粉色、绿色进行对比，试图寻求一种和谐和柔和的效果。这两幅鸢尾花画都不含明显的紧张情绪，表明凡·高当时怀着放松喜悦的心情画画。遗憾的是，画中的紫色鸢尾花，因为颜料的褪色，已经偏蓝色。实际上，凡·高也知道他的画会褪色，他在1889年4月30日写给弟弟的信中表示："画像花朵凋谢了一般褪色。"

美国的J. 保罗·盖蒂博物馆还收藏有一幅凡·高画的鸢尾花油画，那幅画呈现的是圣雷米精神病院的一个角落。画的前景是盛开的紫色鸢尾花，拥有绿色的茎和狭长带尖的叶；画的左侧有一枝单独盛开的白色鸢尾花，它的出现令人眼前一亮；画的背景是橙色的万寿菊；画的右上方是一片嫩绿的草坪。整幅画色彩亮丽，生机勃勃。

凡·高在精神病院住了整整一年，在这一年里，紫色鸢尾花给他带去了慰藉和希望。但不幸的是，在离开精神病院的两个月后，凡·高还是选择了自杀。也许，紫色代表神秘，更代表忧郁和寂寞。凡·高没有释然，他的忧郁和寂寞，最终变成了狂想和愤怒。

爱上蓝色鸢尾花的小男孩

鸢尾花的神秘被诺贝尔文学奖得主、德国作家和诗人赫尔曼·黑塞写进了童话故事里。在黑塞1918年发表的童话故事《鸢尾花》中，小男孩安塞尔姆一生都在追寻生命最初的甜美。他时常盯着鸢尾花看，天马行空地想象。鸢尾花让他感受到宇宙和生命联系在一起的幸福。黑塞写道："对这个小男孩而言，每一年中充满魔力与恩赐的瞬间是第一朵鸢尾花盛开的时刻。他在孩童时的梦境中，从鸢尾花的花萼中读到奇迹之书。对他而言，鸢尾花的芳香与无数起伏的蓝色幽影，是进入奥秘之境的呼唤和钥匙。"

在这里，鸢尾花是童年的象征，是一扇敞开的门，是灵魂通向内心世界的路径，是你和我，是昼和夜，是一切都归于一的地方。

后来，安塞尔姆长大了，成为一个世俗的男人，他完全忘记了鸢尾花所象征的含义。安塞尔姆成为受人尊敬的教授，但他并不开心。当他被一个名叫艾瑞斯的女孩吸引时，这种感觉逐渐消除。艾瑞斯这个名字让他想起一些深远的重要的东西，但他又无法说清楚是什么。安塞尔姆鼓起勇气向艾瑞斯求婚，却遭到拒绝。艾瑞斯表示："和我一起生活的男人，他内心的乐章一定要和我心中的音乐一致，他必须拥有纯净的旋律，才能和我心中的音乐完美融合。"艾瑞斯希望安塞尔姆找到他的自我，她才会考虑和他在一起。安塞尔姆欣然同意，并开始了自我发现之旅。

几年过去了，安塞尔姆变得敏感温柔，艾瑞斯却病倒了。她在去世前送给安塞尔姆一朵鸢尾花，并告诉他："来找我……来找鸢尾花，你就能找到我。"安塞尔姆继续寻找，他终于重新发现了他童年时的梦想，又可以像童年那样，望着鸢尾花，任思绪沉浸在明亮的、梦幻般的小路上，步入一个神奇的世界。

无论世界多么嘈杂，只要心中永远揣着童真，葆有理想，就能够感知生命的活力和生活的美好，就会拥有快乐。黑塞本人的经历又何尝不是如此？他的写作道路曲折，父母希望他成为神职人员，他成年后陆续在机械制造厂、钟表制造厂和书店工作，但他始终不忘成为作家的初衷，他心中的鸢尾花从未枯萎。

从古希腊古埃及的传说，到法国的历史故事，鸢尾花都是一种神奇的花。鸢尾花疗愈了凡·高的孤独和寂寞，帮他成就画笔下的举世杰作，也启发了黑塞的灵性，激励他写出深邃悠远的童话故事。它们生动而有灵性，又带着孤独不安，它们似乎要随时挣脱绿叶的呵护，去寻找它们向往的世界。这正是鸢尾花吸引我的原因：当充满灵性的鸢尾花和愿意探索冒险的灵魂相遇时，就打开了一个神秘动人的新世界。

17

牛眼菊，
不做家花做野花

Ox-eye Daisy, Chrysanthemum leucanthemum

8 月的一天，我和朋友去苏格兰的福斯河畔散步，被横在河边的一棵朽树吸引。这棵朽树上没有长出蘑菇，却长出了一簇牛眼菊——纤细的茎顶着朵朵活泼明亮的花，花的中央是鲜艳醒目的黄色花盘，周围是白色的花瓣。午后的阳光洒落在它们的身上，顿感清新又慵懒。

泼辣地生长着

"他爱我，他不爱我，他爱我……"摘一朵牛眼菊，依次揪掉白色的花瓣，边揪边这样念道，你手中剩下的最后一片花瓣将会告诉你他到底爱不爱你。在英国，牛眼菊是一种有魔力的花，是"爱情占卜大师"。

牛眼菊包含白色和黄色两种颜色，正如它的学名"Chrysanthemum leucanthemum"，意为"金色的花、白色的花"。其深黄色的圆盘包含

牛眼菊

OX-EYE DAISY

成百上千黄色的可孕花，而周围发散状的二三十枚白色小花瓣是不孕花。很多植物学家评价这个花名构思巧妙，但单词也太难拼写，幸亏后人索性称其为牛眼菊，这个名字生动形象，令人瞬间脑补出它的模样。此外，牛眼菊也被称为牛菊、牛油菊、纽扣菊、玛格丽特花、犬菊、田野菊、马菊、仲夏菊、月亮花和白菊等。

在英国，关于牛眼菊这个名字的最早记载，来自17世纪学者兰德尔·福尔摩斯的著作《机械研究院》。他写道："牛眼菊是一种野生的白色雏菊。"18世纪初，英国作家爱德华·菲利普斯在《英语单词新世界》中解释："牛眼菊是一种草本植物，又被称为伟大的玛格丽特，可以用于治愈伤口。"

在牧场，或者铁路沿线的斜坡上，经常能看到成片的牛眼菊。它们的根很浅，生命力却极强，它们会沿着阳光普照的碎石道，甚至在贫瘠的土壤里欢乐成长。牛眼菊的叶子稀少，远远望去，只见一片白色花海，令人赏心悦目。然而真相却是，牛眼菊被众多英国人视为野蛮生长的杂草，英国农夫们对它们深恶痛绝。

因为牛眼菊喜欢肥沃的土壤，并擅长喧宾夺主，不经意间就会将人们耕种的植物斩尽杀绝，并特别影响大麦、燕麦、油菜和小麦等农作物的生长。据说在几百年前的苏格兰，谁家田里有大量牛眼菊，谁家就必须多缴税。牛眼菊还喜欢扎根畜牧区，别看它名字里有牛字，但牛并不喜欢吃牛眼菊，所以它们在牧场上更能肆无忌惮地蔓延。倘若奶牛不幸吃了牛眼菊，那么，它产的牛奶会有一种不可描述的味道。有趣的是，马和羊却喜欢吃牛眼菊，美国独立战争时期，英军曾专门采集牛眼菊喂他们的战马。

牛眼菊也会结很多种子。一簇健壮的牛眼菊，一季可以产将近3万粒种子。并且，这些种子可以存活两三年，等时机一成熟，便厚积薄发。大概因为如此泼辣强势，牛眼菊让人们感到不舒服。不过，这并不影响它在人们心目中的美丽形象，并且它的美丽也可以为人所用。1890 年，美国植物学家卢瑟·伯班克以牛眼菊为亲本，杂交培育出一种不那么疯长的类似花：大滨菊。两者相比，大滨菊比牛眼菊更高，花更大，根呈球状，不会到处蔓延。如今，大滨菊已是英国庭院的宠儿。不知道牛眼菊会不会羡慕亲戚大滨菊，但无论如何，它们永远都在秉持自己的活法：不做家花，在野外自由自在，恣意生长。

顽强的玛格丽特王后

牛眼菊的另一个名字是玛格丽特花，这个名字源于法国的玛格丽特公主，她后来成为亨利六世的妻子，也就是英格兰的王后。

玛格丽特是那不勒斯王、安茹公爵雷内一世和洛林女公爵伊莎贝拉的女儿。1444 年 5 月 28 日，为结束百年战争，英法签订了《图尔条约》，其条件是英法联姻，玛格丽特嫁给英国国王亨利六世。

约一年后，亨利六世和玛格丽特的婚礼在汉普郡的蒂奇菲尔德修道院举行，玛格丽特当时只有 15 岁，亨利六世比她大 8 岁，后人评价那时的玛格丽特"美丽，富有激情，骄傲，意志力坚强"。玛格丽特和其他少女一样，喜欢花花草草，热爱大自然，而牛眼菊是她最喜欢的花，她的很多宫袍上都绣着牛眼菊的图案。

虽然年龄小，但玛格丽特学识渊博。她早年在罗纳河谷的城堡和那不勒斯的宫殿里度过，并接受了良好的教育。据传，她的老师是那个时代的法国著名教育家、作家安托万·德拉塞尔。嫁到英国后，玛格丽特继续重视教育，她还和丈夫一起，资助创建了剑桥大学的王后学院，该学院开办至今。

玛格丽特嫁给亨利六世时，亨利六世的精神状态已经很不稳定了，加上宫廷腐败，法律和社会秩序崩溃，他的统治越来越不得人心。雪上加霜的是，和法军交战归来的士兵没有得到应有的报酬，继而又引发杰克·凯德叛乱。1450 年，亨利六世失去诺曼底等领地，他的病情也随之恶化。贵族们早就觊觎王位，其中，第三代约克公爵理查德就是最野心勃勃的一个。

面对内忧外患，玛格丽特王后从幕后走到了台前。1455 年 5 月，她提议召开大国会，故意没邀请约克公爵理查德参会。不久之后，约克家族和兰开斯特家族之间争夺英格兰王位的内战爆发，这就是英国历史上著名的玫瑰战争。战争期间，英勇、坚毅、独裁的玛格丽特女王亲自带兵作战。她的战旗上，便有她喜欢的牛眼菊的图案，她大概希望自己能够像牛眼菊那样顽强。

玛格丽特坚持让自己的儿子爱德华继任王位。不幸的是，约克军俘获了亨利六世，将他废黜囚禁。约克公爵理查德的儿子爱德华加冕称王，即英国国王爱德华四世。玛格丽特带着儿子开始了流亡生活，但她并没有放弃。她和法国国王路易十一结盟，伺机东山再起。然而，她的儿子不幸遇害，而她的疯子丈夫也在伦敦塔内被谋杀。1475年，玛格丽特回到法国，度过余生。

无论怎样的颠沛流离，提心吊胆，玛格丽特一直都不妥协，不屈服。莎士比亚在《亨利六世》中把玛格丽特塑造成一个聪明、冷酷的女人，甚至称她为"母狼"。不管怎样，玛格丽特的勇敢无畏和不屈不挠的精神像极了牛眼菊，后人用玛格丽特称呼牛眼菊来缅怀她，再合适不过了。

在诗人笔下痴情等待爱人

提到牛眼菊，不能不提和它长得很像的雏菊。英国人眼中的雏菊是一种叫"普通雏菊"的花，它比牛眼菊娇小，大约 10 厘米 ~20 厘米高，而牛眼菊通常 20 厘米 ~70 厘米高，并且牛眼菊的花更大。在美国，人们日常称呼的雏菊，实际上就是牛眼菊。我不禁想到美国电影《了不起的盖茨比》，片中女主角名叫"黛西"，应该指的就是"雏菊"，寓意女主角像雏菊那样纯洁美丽。

美国人将牛眼菊视为雏菊，那么，启发美国女诗人艾米莉·狄金森写出诗歌《雏菊静静地追随太阳》的也应是牛眼菊。

狄金森是美国的传奇诗人。从 25 岁开始，她拒绝社交，过上了隐居生活。30 多年来，她留给后人 1789 首诗歌。但与其说是诗人，她更像是一位自然主义者和园艺师。狄金森从小就很喜欢植物，收集了各种各样的花、树叶和种子等，并将它们制作成标本。她收集的有据可查的植物标本有 400 多种。狄金森把她家的大宅院打造成了一个大花园，花园里四季鲜花盛开。

花花草草是狄金森诗歌创作的源泉。在她创作的 1789 首诗中，有 660 多次提到植物，涉及 80 多个植物品种，包括玫瑰、蒲公英、三叶草和雏菊等。在《雏菊静静地追随太阳》中，狄金森写道："雏菊静静地追随太阳，当他结束金色的旅程，她羞怯地坐在他脚边，他醒来发现那朵花。'为什么，掠夺者，你在这里？''因为，先生，爱情是甜蜜的！'"据说，这首诗是狄金森写给她暗恋的男子——报纸主编塞缪尔·鲍尔斯先生的，诗人用诗暗诉衷肠，表达对心上人的谦卑的等待。然而，鲍尔斯已婚，狄金森的等待是徒劳的。也许正因此，狄金森只能将情愫寄于花和诗歌。诗中，狄金森把喜欢的男人比喻成太阳，而认为自己是掠夺者，即爱情里的第三者。从"因为，先生，爱情是甜蜜的"一句中，可以感受到诗人的坚定立场。这一点倒是很符合牛眼菊富有侵略性、喜欢喧宾夺主的特点。我不禁为女诗人的坦白、痴情唏嘘不已，这样的文字，倒是比很多影视剧里小三上位的桥段要坦率、高明得多。

牛眼菊，天生一副清新纯情的面孔，却因喜好蔓延、侵占别人地盘而不被人待见。但不论是植物，抑或是人，正因为拥有顽强的生命力，才不会被历史湮没，比如喜欢牛眼菊的玛格丽特，她的名字将永远被世人铭记。在狄金森的笔下，牛眼菊就是诗人自己，她不顾世俗眼光，坦坦荡荡地向心上人表达爱意。自由自在、野蛮生长的牛眼菊，不在乎别人怎么说，就做它自己。

18

诚实花，
天使翅膀上的忠贞

Honesty, Lunaria biennis

8 月的最后一天，我来到爱丁堡皇家植物园。秋天的花已经粉墨登场，一些果实也摇摇欲坠，我却被一片随风摇曳的银色吸引，它们薄如蝉翼，又像是一把把银色的蒲扇。我记起来了，它们是我在几个月前看到的诚实花的果荚！当时我并不太明白这种花为何叫诚实花，现在恍然大悟——果荚透明，里面的种子粒粒可见，坦白而诚实。

点缀在婚宴上

诚实花的拉丁名是"Lunaria"，意思是"像月亮"，指的是果荚的形状。诚实花是两年生草本植物，又名银扇草等。诚实花在结出果荚之前其貌不扬。挺直的茎上生出一簇簇寻常的花，花朵含有四片花瓣，主要是白色和紫色两种花色。诚实花没有华丽的色彩，也

诚实花

HONESTY

没有奇异的形状，很少有人在它们跟前驻足长留。然而，它们却像是魔法师，生出嫩绿的果荚，果荚逐渐成熟，变得柔软透明，像是天使遗落在人间的翅膀。在欧洲，这种奇特的果荚经常被当作插花，诚实花因此被人熟知。

我的一位闺蜜开了一家鲜花工作室，将美丽的花千变万化，呈现给繁忙的城市人。她在最近设计的一场婚宴中选用了大量的诚实花果荚。我好奇地问为何选它们，闺蜜回答："因为它纯净、通透，散发着贝壳般的光泽，很高贵。当然，它也很单薄、脆弱，需要轻拿轻放、小心呵护。"听起来可不是像极了新娘子！

在很多国家，诚实花的名字都跟钱有关，大概因为果荚也像钱币吧。比如美国人称它"银币"，法国人称它"教皇的钱"，中国人称它"金钱花"等。这些名字似乎都和诚实、信任不沾边儿，特别是在荷兰，诚实花被叫作"犹大的银币"，源自《圣经》中犹大·伊斯卡里奥特背叛耶稣而获得三十枚银币的故事，和诚实之意完全背道而驰。

犹大是耶稣的门徒，他也是负责管钱的司库。《约翰福音》描述他"是贼，又带着钱囊，常取其中所存"。犹大经常盗窃，贪婪狡诈，不诚实。受犹太教祭司长的怂恿，为了三十枚银币，他出卖了耶稣。犹大知道每天晚上耶稣都会到客西马尼园祷告，便和捉拿耶稣的士兵约定暗号——他吻谁，谁就是耶稣。如此，士兵成功抓住耶稣，并将他钉在十字架上。犹大看到耶稣受难，悔恨交加，最终自杀身亡。犹大成了叛徒的同义词，人们厌恶他为钱卖主的行为，用"犹大的银币"为花命名。这样的名字大概提醒人们信守诺言，不做唯利是图的小人。

英文花名中，有不少源自《圣经》故事。比如"雅各的天梯"，这种植物有微小的叶子，外观像蕨类植物，在《圣经》中，雅各的梯子可以让人攀爬而上；比如"伯利恒之星"，该植物的花朵形状像犹太教的六芒星；比如"所罗门王的印章"，这种植物在泥土里的根茎呈椭圆形，它的横切面有凹陷的条纹，和中世纪所罗门王的印章极其相似。《圣经》故事在英国家喻户晓，熟悉的花和熟悉的故事相辅相成，既表明人们对信仰的虔诚，又让花深入人心。

有一位黄宝石姑娘

几百年前，不少英国庭院里已经种植诚实花，文人画家偶用诚实花写诗作画。16 世纪的英国诗人迈克尔·德雷顿写道："这里躺着迷人的诚实花，最擅长魔法。"

荷兰画家凡·高、捷克艺术家阿尔丰斯·穆夏都钟情于诚实花。凡·高一生画了很多花，包括向日葵、鸢尾花、玫瑰、虞美人、矢车菊和菊花等，花是他最好的模特。鲜为人知的是，凡·高也曾画过诚实花。那是 1884 年的秋天，他画了一幅插在花瓶里的诚实花果荚油画，这幅画富于现实主义风格。几个月后，他又以诚实花果荚作画。也正是在这个时期，凡·高决定画《吃土豆的人》。他写信告诉弟弟，他正以这幅诚实花果荚试笔，为画农夫们围坐在一起吃土豆的场景做准备。后来，《吃土豆的人》被认为是凡·高早期创作的最出色的作品。

凡·高画笔下的诚实花果荚和《吃土豆的人》都运用了褐色调，深沉暗淡，显然都受到荷兰现实主义画风的影响。我曾在阿姆斯特丹的凡·高博物馆看到过这幅《吃土豆的人》，站在画作面前，似乎亲眼目睹农夫们艰辛的生活，压抑得令人窒息，但我依然感受到农夫之间的关爱。凡·高说希望通过这幅画表达这一想法："他们从盘子里抓起土豆的手，和他们在田间耕种的手是同一双手……他们诚实地自食其力。"我想到了他画的诚实花，在任何贫苦窘迫的处境里，诚实都是一种美德。

穆夏是欧洲新艺术运动的代表人物，也是世界上最会将花和女人画在一起的人。在他的画中，身着如梦如幻的新古典主义长袍的女子被婀娜多姿的花朵围绕着，也正是这种风格令他一鸣惊人。1894年年底，穆夏为歌剧明星萨拉·伯恩哈特即将上映的歌舞剧创作海报，并大获成功。之后，他设计了更多以美人和花为主题的海报。1900年，他的代表作《宝石》系列联画诞生，其中一幅画中就有诚实花。

画中四位女子化身为四种宝石，分别是红宝石、绿宝石、紫水晶和黄宝石。她们的头发、眼睛的颜色，以及所搭配的花的颜色都与宝石的颜色相呼应，和黄宝石搭配的花便是一大束诚实花果荚。选一种人们更熟悉的黄色花并非难事，比如向日葵等，但穆夏却别具一格地选用了诚实花果荚。画中，同红宝石姑娘的高傲、绿宝石姑娘的妩媚相比，黄宝石姑娘的神情淡泊、宁静，她不讨好，不回避，忠实于自己的内心，从容地做着自己。诚实花的花语便是忠诚，这也许是穆夏选择诚实花的原因吧。

归隐园林的政客

在《熟悉的花园之花》中，雪利·希伯德将诚实花和 17 世纪末的英国外交家、作家威廉·坦普尔爵士联系在一起，认为他的身上体现着诚实花的精神，并援引坦普尔《政府的起源及其性质》中的话解释"诚实"一词："善良就是人们在冲动、兴趣之前，首先选择尽责尽职，实现诺言，以信任为目的，也就是我们所说的诚实。"

坦普尔曾是一名政客，从 1655 年到 1688 年，他一直处于政治纷争之中。他职业生涯的最高成就是在 1668 年，即英国国王查理二世统治期间，他促成英国、荷兰和瑞典的三方联盟，以共同抵御西班牙和法国的扩张。然而，令他感到沮丧的是，该联盟最终没有派上用场。后来，坦普尔被任命为英国外交大臣，但他厌倦了政治冲突，向往安宁的生活，遂拒绝了这一职务，选择退隐园林，在自己打造的穆尔庭园里种花种树、读书写作。也正是在这里，《格列佛游记》的作者乔纳森·斯威夫特担任他的秘书，并成为他一生的好伙伴。

坦普尔关于果林的理论独树一帜，他在著作《论伊壁鸠鲁的园林》中探讨了园林的起源、伦理意义和审美形态等问题，认为园林是人们疗伤的理想之地。他提出的另一个重要观点是营造园林要顺应自然景观，"这是造园或做其他一切事物的大原则。它不但指导我们的生活行为，而且指导政府的行为。凡人的伟大之处在于是否与大自然的力量抗衡"。坦普尔做了很多关于中国园林的研究，他欣赏中国园林的美，懂得中国园林的美是美在不规则、不对称中的错落有致。

坦普尔被后人视为杰出的园林学家。当然，他的园林学思想并不仅仅关于花草，也关于修身、齐家和治国。

犹大为钱出卖耶稣，背叛自己的信仰，人们用犹大的银币命名诚实花，提醒世人要忠诚；凡·高用诚实花练笔，画出《吃土豆的人》，呈现生活艰苦但诚实本分的农夫；穆夏选择诚实花和平静淡然的女子搭配，表现女子忠于自己而波澜不惊的内心；坦普尔从最初的忠于职守，到后来的归隐园林，都在诚实地做自己。坚守内心的善良，忠于内心勇敢的追逐，对人对己，都诚实待之，这些是诚实花讲给我们听的故事。

19

帚石楠，
苏格兰荒野里的倔强

Heath or Ling, Calluna vulgaris

秋天渐行渐近，我站在苏格兰高地的格伦芬南大桥前，眺望着山坡上紫色的帚石楠，它们连同堆在田野的金黄色干草垛和深绿色森林，构成了苏格兰初秋特有的景致。

帚石楠在苏格兰很常见，它们时常在人烟罕至、海拔较高的地段密密麻麻地盛开，它们是苏格兰的标志，它们的生命已经融入了这里的高山和土地。

女巫的扫帚

帚石楠是一种多年生灌木，夏末秋初开花，钟形状的迷你小花挂满枝头，花期长达数月，花的颜色通常呈紫色，也有白色。尽管单棵植株不大也不高，但它们浩浩荡荡，给山坡披上美丽的外套。它们可以在贫瘠的酸性土壤里成长，耐得住严霜、狂风和暴雨，即使

帚石楠

HEATH OR LING

在零下 20 摄氏度的环境里也能活得很好。并且，它们不怕火烧，还能扛得住重金属的污染。正因为如此倔强的个性，帚石楠成为荒地的主要植被。

帚石楠的常用英文名有两个，分别是"heath"和"heather"，这两个单词长得有点像。前者和荒地有关，特指一种地貌，即帚石楠丛生的荒野或岛屿，后者是苏格兰人为帚石楠起的名字。"heather"可能由苏格兰语"haeddre"演变而来，其来历可追溯到 14 世纪。在苏格兰，帚石楠也被称为"ling heather"，这个名字源于古老的北欧单词"lyng"，含义是"重量轻"。这大概是描述帚石楠的花？因为帚石楠花瓣单薄，摸起来像风干过的干花，自然会很轻。

"Calluna"是帚石楠的拉丁名，来自希腊文"kallúno"，意思是"美化和打扫干净"，帚石楠这个名字的由来，或许跟它可以被用来制作扫帚有关。它的叶子细小紧密，将其干燥的树枝紧捆成束就是扫帚了，据说女巫骑上天空的扫帚就是帚石楠做的呢。

除了默默无闻地装点荒岛高山和被做成扫帚，帚石楠还有很多用处。在苏格兰的一些岛屿上，它们被广泛用于建筑，比如茅草屋顶和绳索的原材料。在 4000 多年前，帚石楠就被用来做床垫，因为干燥的帚石楠花和枝又轻又软，并且还带香味。新鲜的帚石楠花可用于染布和羊毛织品，"帚石楠色"甚至成为粉紫色、紫红色的代名词。直到今天，这种颜色也是苏格兰传统服饰中的重要颜色。帚石楠也独具药效，可用于治疗消化不良、咳嗽和失眠等。并且，帚石楠花蜜营养价值高，物美价廉，在英国超市花 5 英镑就可以买一大瓶。

大概会令很多先生们眼前一亮的是，帚石楠还可以酿酒。这个工艺可追溯到数千年前。在苏格兰西海岸外的兰姆岛上，人们发现了约 3000 年前的陶器碎片，其中就含有用帚石楠发酵制作的饮品的痕迹。苏格兰著名作家、《金银岛》的作者罗伯特·路易斯·史蒂文森在一首诗的开头这样写道："用帚石楠的漂亮花瓣，他们酿了一杯地久天长的酒，比蜂蜜甜蜜，比葡萄酒浓香。"

国王的帽子，女王的棺木

帚石楠和苏格兰的历史紧密相联。1603年，苏格兰国王詹姆士六世成为英格兰国王詹姆士一世，他在英格兰加冕后就再也没有回过故乡苏格兰。此后200多年时间里，也没有一位英国国王造访过苏格兰。直到苏格兰的浪漫主义文学引发全英国民众对苏格兰的浪漫想象，很多英格兰人才希望来苏格兰旅行，包括当时的国王乔治四世。1822年，乔治四世决定前往苏格兰访问。并且，他不光是来旅行的，他还有一个伟大的梦想：在苏格兰民众面前展现他是新的詹姆士派国王，不比英俊貌美、名声远扬的"美王子查理"差。8月14日，他乘坐的船到达爱丁堡的福斯湾，因为暴雨，他们第二天才登陆。

当时，乔治四世身穿海军上将的军装，帽子上插着一束帚石楠。这让期待一睹他风采的苏格兰民众兴奋不已，认为这位君主真是入乡随俗啊。乔治四世的来访是花了心思的，除了帚石楠，他还花大手笔订制了一套苏格兰格子正装。乔治四世也的确赢得了苏格兰的民心，如今，在爱丁堡市中心有两尊乔治四世的铜像，而苏格兰的一种帚石楠也被命名为"国王乔治"。

维多利亚女王特别钟情白色的帚石楠。在苏格兰民间流传着这样一个传说。公元3世纪，一个叫玛尔维纳的苏格兰女子和苏格兰诗人奥西恩的儿子奥斯卡订了婚。奥斯卡也是一名凯尔特勇士。但不幸的是，奥斯卡战死沙场。给玛尔维纳送消息的信使同时给她带来了一束紫色帚石楠。奥斯卡用这束花向心上人表达爱意，这也是他送给她的最后的礼物。玛尔维纳的泪水洒落在她手中的帚石楠上时，有些花立刻变成了白色。玛尔维纳眼睁睁地看着奇迹发生，感慨万千，说道："虽然它们见证了我的难过，但希望找到白色帚石楠的人都有好运气。"

这个传说让维多利亚女王铭记于心。1884 年，她喜欢的苏格兰男仆布朗去世。女王回忆："他看到一束白色的帚石楠，就跳下去采摘。高地的男子汉们都会被它们吸引，因为它们会带来好运气。"

1901 年 1 月 22 日，维多利亚女王在怀特岛上的奥斯本宫去世，根据她的遗嘱，她的棺材里摆放着阿尔伯特亲王之手的石膏模型、一件亲王的便袍等，还有一束帚石楠。今天，奥斯本宫的楼梯走廊里依然挂着一幅粉色的帚石楠水彩画：紫色花瓣中点缀着些许白色花。若紫色花代表隐忍和坚强，白色花则代表好运，在维多利亚的一生中，有前者，也有后者，当然，更多的是前者帮她成为伟大的女王。

呼啸山庄的隐喻

孤独、勇敢的帚石楠给很多英国诗人、小说家带去灵感。

苏格兰诗人罗伯特·彭斯喜欢帚石楠，并经常在作品中描写它们。后人甚至用《帚石楠花铃》为他的诗集命名。他在诗歌《漂亮的苏格兰雷鸟》中写道："它们蹭落褐色帚石楠花铃里的甘甜的露水"；他在《写给威廉·西蒙的诗歌》中写道："荒野上布满红色、褐色的帚石楠花铃。"

英格兰小说家艾米莉·勃朗特在一首诗歌中写道："长在高处的帚石楠，向午夜的月光和耀眼的繁星招手，仿佛在暴风中翻滚的巨浪。"并且，她在小说《呼啸山庄》中，安排主人公希斯克里夫在长满帚石楠的荒野中孤独地死去。帚石楠壮美、苍凉，烘托着希斯克里夫和凯瑟琳之间的美丽又绝望的爱情。勃朗特无疑是喜欢帚石楠的，不知你是否注意到，希斯克里夫的英文名"Heathcliff"翻译成汉语是"悬崖上的帚石楠"。希斯克里夫从小被遗弃，他缺少安全感并极度自卑，但同时，他具有帚石楠般的坚韧与倔强。然而，他终究因为复仇而丧失人性，将所有人推进不幸的深渊，徒留自己在悬崖上空悲凉。

最爱帚石楠的作家是苏格兰文豪沃尔特·司各特爵士。1771 年 8 月 15 日，司各特在爱丁堡出生，他在位于苏格兰边界区的农场里长大，也正是在这里，他对苏格兰的历史和文化产生了兴趣。很不幸的是，司各特从小患上了小儿麻痹症，终身腿残。然而，这并没有影响他的追求。司各特在大学学习法律，之后成为一名律师。因职业缘故，他经常走访苏格兰的偏僻地区，热衷收集当地的古老传说和歌谣，出版了《苏格兰边区歌谣集》三卷。后来，司各特创作了众多历史长诗和历史小说。19 世纪 20 年代末，司各特被誉为和歌德、莎士比亚齐名的作家。

司各特的作品都和苏格兰有关，包括荒凉但充满浪漫的高地、苏格兰的民谣和传说、帚石楠、有各种故事的苏格兰湖等。在司各特眼中，帚石楠是最能代表苏格兰的意象的。他曾在诗歌中描述自己生活的地方是"褐色帚石楠和乱蓬蓬的树林的故乡",每每提及苏格兰的风景,他都不会落下帚石楠。1869年9月2日,司各特在日记里写道:"今天路过的景色在《罗布·罗伊》中描述过……绿色硬朗的高山……浓密的大树、美丽的粉色帚石楠、蕨菜、岩石和灌木交织在一起……这里的孤独,这里的浪漫,这里的原始,没有旅馆和乞丐,都是自力更生说着盖尔语的人,这一切使最心爱的苏格兰成为世界上最骄傲、最美好的国家。"

司各特本人又何尝不是一株顽强的帚石楠? 1825年,英国爆发经济危机,50多岁的司各特得知他投资的出版公司倒闭,欠债12.6万英镑(约合今天的1000万英镑)。他本可以申请破产,但他坚持还债。他表示:"我时常希望我可以躺下睡着再也不用醒来,但我会尽力拼一把。"司各特唯一能做的就是加油写小说,直到去世时,他的面前依然摆着纸和笔。后来,司各特的作品版权售出,帮他还了最后的欠款,他终于靠一己之力还清了所有债务。

几千年来,帚石楠一直守候着苏格兰的壮阔和凄美,如同苏格兰人倔强地捍卫着自己的家园。它们和苏格兰的风笛、威士忌一道,早已成为苏格兰的标志。无论成为乔治四世帽子上的饰品,还是陪伴维多利亚女王入棺下葬,帚石楠始终象征着勇敢、坚强和独立。勃朗特笔下的希斯克里夫尽管被人唾弃,但他也曾如帚石楠般不屈不挠。而司各特则用帚石楠向后世传递了苏格兰精神,他不屈不挠,像极了苏格兰的帚石楠。

20

起绒草,
耶稣的小梳子

Teasel, Dipsacus sylvestris

初秋,我从圣安德鲁斯植物园买回一盆起绒草的干花盆景。我很早就认识起绒草了,它的样子很特别,整株植物长得比人高,仿佛一根巨型棉花棒。不过,它可是一根不可触碰的棉花棒,因为它从茎到叶到头状花序,都长满了刺。我把这个盆景摆放在窗台上,张牙舞爪的起绒草像是趾高气扬的武士,为我守家护院。

金翅雀的挚爱

起绒草生长于荒山野岭和路边,是一种常见的英国植物,若在英国南部乡下散步的话,一定不会错过它们。它那坚硬、粗糙、带刺的茎叶,几乎让所有动物都敬而远之。秋天,当大多数花朵凋谢、草木枯萎时,瘦骨嶙峋的起绒草却依旧傲然挺立,吸引着人们的目光。

最令我好奇的是起绒草刺果,它的形状独特,看起来有点像一

起绒草

TEASEL

只小刺猬或某种长满刺的海洋生物，又像是一把把卷发棒。爱尔兰人相信，在坟墓前留下一枚起绒草刺果会分散女妖的注意力，因为女巫会被它吸引，拿它梳头。这样的刺果让起绒草与众不同，于是，一株株起绒草像是一个个尖刻刁蛮的角色，神秘而特别。

或许，起绒草是怕受伤才将自己全身武装起来。刺是它的防御武器，让它避免被食草动物直接啃食，也可以减少动物的踩踏和人类的攀折。

然而，带刺的起绒草终究还是被攻破了——

在爽朗的秋日，或冷风呼啸的冬天，它们一心一意保护的种子轻而易举地被金翅雀取走吃掉。金翅雀是唯一能站在起绒草刺果上取食的鸟，它的嘴就像是一把镊子，其长短恰好可以把起绒草利刺中的种子取出来。

金翅雀对起绒草爱得疯狂，两只金翅雀甚至会为争夺起绒草的种子而展开空中大战。因其明亮的黄色羽毛和悠扬的歌声，金翅雀颇受人们追捧。金翅雀具有较高的智商，在 17 世纪的荷兰，经过驯化的金翅雀甚至能用微型水桶从碗中舀水。观鸟一向是欧洲人的一大嗜好，为吸引才貌双全的金翅雀，很多人在自家花园里种上了起绒草。

起绒草属于"Dipsacus"（川续断属），这个科目名源于希腊单词"dipsa"，含义是"口渴"。这和起绒草叶子的独特造型有关。起绒草的叶子在茎上对生，环抱在一起形成一个杯状，可以盛雨水和露珠。这个鲜明的特征为起绒草赢得了美名"维纳斯的水盆"。在中世纪，爱尔兰的基督教徒们也称呼它为"玛丽亚的水盆"。起绒草叶为何要储存水？答案很简单：防止虫子沿茎往上爬，保护刺果的花或种子不受侵害。如果有谁胆大包天，很可能溺水而亡。

研究表明，腐烂的昆虫被起绒草吸收，会成为它的养料，而获得这类养料的起绒草，比别的起绒草孕育出更健康、个儿更大的种子。但植物学家们并不认为起绒草是像猪笼草那样的食肉植物——猪笼草具有水壶状的捕虫囊，可溶解吸收不小心滑落进去的昆虫。植物学家们认为，从进化的角度来看，起绒草可能是一种正在成为食肉植物的过渡物种。

柔顺毛料的幕后英雄

19世纪末，英国插画师、植物学家爱德华·休姆还出版过另一本与花有关的著作《熟悉的野花》。他在书中写道："布匹制造商再也找不到能够取代起绒草刺果的发明创造——用于羊毛织物的起绒了。"

起绒指的是通过起绒整理，使织物表面产生绒层，变得蓬松厚实。起绒技艺历史悠久，一些古代壁画呈现了人们用梳绒工具手工刮剧织物的景象。因其独特的形状和硬刺，人们很早就用起绒草刺果充当起绒的工具。相关记载可追溯到14世纪。和乔叟同时代的英国诗人威廉·兰格伦在其 1377 年的长诗《农夫皮尔斯》中最先提到用起绒草整理布料。从 18 世纪末到 20 世纪初，这种用法在英国、法国、德国和意大利等欧洲国家得到普及。

起绒过程费时费力。在旧时代，一捆捆起绒草被源源不断地送进工厂，迎接它们的是不同年龄的男性。男孩们用剪刀剪掉起绒草的大部分茎，只留下刺果；成年男工们将刺果固定在长方形的铁框上，然后将这些铁框安装在圆柱体的表面。一个起绒机需要安装大约 3000 个刺果。之后，这个巨大的圆柱体边旋转，边为毛料起绒。为起绒机更换起绒草刺果是一项需要技巧的工作，以至于催生了专职的起绒草更换工。他们根据需要，在不同的工厂走穴，为机器更换刺果。

工人们也会使用一种简易的手工起绒工具，而这种工具只需安装七八个起绒草刺果。但为达到最佳起绒效果，他们要不停地更换刺果。同时，为了方便操作，工人们往往不戴手套。可想而知，他们的手经常被刺伤，柔顺平整的毛料上沾满了工人们的血和汗。

曾几何时，长满起绒草的田野在英国随处可见。起绒草的坚挺、多刺令人望而生畏，却给英国增添了别样的景观。不过，起绒草在英国的大规模种植只持续到 20 世纪 80 年代。后来，法国和西班牙种植的起绒草数量远远超过了英国，而从这些国家进口起绒草刺果也更便宜。1980 年 10 月 16 日，《约克郡晚间邮报》报道，一位英国起绒草供货商去年一年内卖给 200 多位英国客户的起绒草刺果总量达 600 万个，其中 95% 来自进口，而在 1950 年，其销售的进口起绒草刺果数量只占销售总量的 5%。

时光荏苒，越来越多的商家用金属梳子取代起绒草刺果。1993 年 10 月，英国最后一位起绒草刺果供应商爱德华·泰勒告诉《羊毛纪事报》记者，他的公司即将关张，因为几乎所有的织物制造商都改用金属梳子起绒了。然而，业内专家认为，和金属梳子相比，起绒草刺果可以达到更好的起绒效果——如果梳齿被织物卡住，起绒草刺果的刺会随之断裂，不会损坏织物，而金属梳子的刺则会撕裂织物。实际上，即使在今天，一些特别考究的毛料，还在继续用起绒草刺果起绒。

无论如何，起绒草的辉煌年代一去不复返了。如同被岁月淘汰的水磨坊、风磨坊和蒸汽机等，起绒草刺果工具和机器如今被陈列在了英国的博物馆里。但它们曾经是起绒的主力军，曾经是柔顺毛料的幕后英雄，这些历史不该被忘记。

治疗莱姆病的特效药

起绒草悄悄谢幕。有趣的是，英国维多利亚时期的人们似乎早就预感到这一点，他们赋予起绒草的花语便是"遁世"。遁世隐居，与世无争，不再锋芒毕露。它们或许更喜欢遵循自然规律地生长和繁殖，更喜欢和金翅雀捉迷藏，更喜欢被人们远观，更喜欢和其他花花草草一样装点花园、成为治病救人的药草。

然而，因为一身硬刺，起绒草注定不会普通，人们赋予它们众多象征意义。基督教的绘画作品中就画有起绒草。起绒草象征着耶稣和殉道者的苦难。一个和起绒草有关的宗教传说"圣母玛利亚的小梳子"讲到，先知西默盎预言玛利亚作为耶稣的母亲要承受许多痛苦，玛利亚愁眉不展，她边用起绒草刺果给婴儿时期的耶稣刷头发，边暗自伤心，心想有一天这些头发会被鲜血染红，这暗示了耶稣的献祭。

早在中世纪，人们就发现了起绒草的药用价值。在 12 世纪的德国，修女、医师和博物学家圣希尔德加德·冯·宾根倡导用植物和草药治病，便提到起绒草。她认为起绒草的根可制作成药剂，用于治疗皮肤表层的伤口等。

如今，这种植物又以治疗由蜱传播引起的莱姆病而出名。21世纪初，德国人类学家沃尔夫·斯陶尔对这一药性的发现功不可没。斯陶尔得了莱姆病，因担心使用抗生素会产生耐药性，便拒绝西药治疗方案，决定在植物药草中寻找解药。他意识到，起绒草的根能滋补肝脏和肾脏，促进血液循环，增强骨骼和肌腱的韧性，帮助治愈关节炎和缓解肌肉的僵硬，而这些病症都与莱姆病的症状相似。于是，斯陶尔以身试药，并最终获得了成功。他在著作《自然法治疗莱姆病》中强调了起绒草对治疗莱姆病的作用。

从中世纪到现在，从纺织业到医药行业，浑身是刺的起绒草一直独特地存在着。它高傲神秘，用一身刺保护自己的柔软和脆弱，但还是被金翅雀识破了内心。起绒草为人类的纺织业鞠躬尽瘁，它的辉煌又逐渐被历史遗忘，但即使它隐姓埋名、偏居一隅，也会继续做刺儿头，继续独自欢喜。明白了它的心思，再次看到摆放在窗台上的起绒草盆景时，我不禁会心一笑。

21

山楂花，
英国人闻到瘟疫味儿

Hawthorn, Crataegus Oxyacantha

又到金秋，故乡山东的山楂果应该熟了，它们红彤彤的挂满枝头，晕染着深秋。大街小巷少不了卖冰糖葫芦的，新鲜的山楂果裹着清脆的糖衣，"嘎嘣"一声咬下去，酸酸甜甜，那是童年的味道。

英国也有山楂果，但它们和中国的山楂果不同，个头小，苦涩，不能直接吃，只是偶尔被制成果酱或果冻。尽管如此，山楂树在英国远近闻名。

有魔力的圣树

5月，我在苏格兰海岸边的土坡上邂逅了山楂树。它们傲然生长，枝头布满一簇簇的小白花，犹如瑞雪堆就。山楂树的英文名是"hawthorn"，其中的"thorn"指刺。是的，它们的树枝上带着刺，因此，山楂树也被称为荆棘树。山楂树可栽培作绿篱，能长到 10 多米高。

山楂花

HAWTHORN

在凯尔特的民间传说里，山楂树林是精灵居住的地方，也是通往另一个世界的入口。也就是说，那里很有可能会有仙女。传说，13世纪苏格兰著名诗人、预言家"押韵的汤姆"就在一片山楂树林中遇到了仙后。仙后带他参观了仙灵世界，没承想"地下一天，地上一年"，等他回到凡间时，已经是七年后了。不过，奇迹出现了，诗人获得了先知的能力，他可以用押韵的诗句来预测未来。

山楂树被视为一种拥有魔力的树。人们在井边或者泉眼边种植山楂树，患病的信徒用井水或泉水将布条浸湿后绑在山楂树上，然后，主持宗教仪式的圣徒对着井水祈祷，当树上的布条逐渐腐烂时，病人身上的恶疾也会烟消云散。

据说，耶稣受难时头上戴的荆棘王冠是用山楂树的枝条编成的。当时，耶稣即将受刑，士兵要捉弄他，就用山楂树的枝条做了个王冠让他戴。荆棘刺进耶稣的头皮里，士兵喊道："恭喜你当了犹太人的王。"后来，人们用荆棘冠比喻巨大的痛苦和折磨。

山楂树和耶稣的不解之缘不止于此。耶稣去世后，约瑟安葬了耶稣，之后带着盛满耶稣的血的圣杯来到了大不列颠岛。

传说，公元1世纪，约瑟在格拉斯顿伯里建立了英国第一座教堂，他将自己的旧物埋在教堂附近的威尔亚山丘，结果那个地方长出了山楂树，于是，人们称其为圣荆棘树。斗转星移，格拉斯顿伯里的山楂树生生不息。

17世纪英格兰内战期间，因为宗教争端，这些山楂树被砍伐、烧掉。多年后，人们又在这里补种了新的山楂树，称它们是圣荆棘树的后代。如今，格拉斯顿伯里的山楂树已经成为英国最有名的山楂树，它们曾出现在1986年的英国邮票上。

大概因为其神性，人们经常把山楂树的花枝摆放在门外，既装饰了家园，又可以驱魔。然而，将山楂树的花枝带入房间是不妥的，民间信仰认为这种做法不吉利，会招致疾病和死亡。据说，山楂花的气味像极了 17 世纪伦敦大瘟疫的气味。科学家发现山楂花中含有三甲胺，而动物的身体组织在腐烂过程中也会产生这种物质。这种"死亡的气息"自然会让人们敬而远之。

"五月花"号轮船，梦想之帆

每年 5 月 1 日，在欧洲包括英国、法国和瑞典等国家举行的五朔节也离不开山楂树。届时，人们会用山楂树的花枝装饰院落，并聚集在临时搭建的五月柱前载歌载舞，祭祀树神和谷物神，祈求风调雨顺，五谷丰登。五月柱通常就是用山楂树制作的，树干上缠满绿叶或彩带，象征希望和丰收。山楂树在五月份开花，所以山楂花又叫五月花，山楂树又名五月树。

一种观点认为，清教徒们当年开往新大陆的"五月花"号轮船，就是以山楂花命名的。2020 年 11 月 21 日，恰好是"五月花"号轮船抵达美洲 400 周年。如同山楂花是春天里的希望，"五月花"号轮船也给当年的新教徒们带去了希望。

1620 年 9 月 16 日，为躲避宗教迫害，102 位英国清教徒和 30 多位水手乘"五月花"号轮船前往北美寻找新生活。航行 66 天后，他们在马萨诸塞州的科德角登陆，建立了普利茅斯殖民地。这些清教徒被视为美国的移民始祖，他们虽然并非最早移民北美的英国人，但在美国历史上意义非凡，因为他们所签订的《五月花号公约》。

登岸前，在威廉·布拉德福德的号召下，船上的 41 名自由的成年男子签订了这份公约，一致同意创建并服从一个政府，制定宪章与法规，依法治国，为每个成员提供平等、自由、选举等民主权利，并设立公职加以实行。17世纪英国哲学家约翰·洛克提出的"政府权威只能建立在被统治者同意的社会契约论之上"，其来源可能就是这份《五月花号公约》。《论美国的民主》作者、19世纪法国历史学家亚历西斯·德·托克维尔评价这份公约"一开始就从思想和精神层面要建立一个不同于欧洲及其他地方的崭新家园"。这份公约被认为是美国式民主制度的起源，也就是美国精神的起源。

　　除了希望，山楂花被赋予的另一个含义是力量。因为山楂树的学名是"Crataegus"，这个单词来自希腊语"kratos"，意思是力量。"五月花"号轮船载着一群有梦想的人漂洋过海，他们心怀希望，希望也给了他们力量。他们用智慧和双手，在新的土地上建立了自己的家园。

在圈地运动中的繁盛

在"五月花"号轮船驶向大洋彼岸的新大陆之前，五月树，也就是山楂树，早已为英国人所熟悉。山楂树的普及和英国的圈地运动息息相关。

在英国，圈地运动最早出现于 12 世纪，并在 18、19 世纪到达高潮。之前，敞田制是英国最基本的土地耕作制度。在实行敞田制的地区，庄园和村庄的非耕地、休耕地都是敞开的公用地，无论领主、自耕农，还是佃农，都可以使用这些土地，或用于耕种或用于放牧。但从 12 世纪开始，这类土地逐渐被庄园主和有权势的贵族圈了起来。

最初，圈地运动通过非正式的协议进行，但从 17 世纪末开始，这种状况发生了改变。英国国会于 1688 年批准圈地为合法行为，并需要国会批准。圈地被视为一种更经济的耕作方式，既让庄园主获得更多租金，也激励佃户进一步改善农耕的状况。此后，圈地运动成为常态。18 至 19 世纪，英国国会通过了 5200 份与圈地有关的法令，涉及圈地面积约 680 万英亩（约合 27518 平方公里）。

圈地运动改变了人和土地的关系、农业的经营方式和耕作制度，推动了英国从封建农业向资本主义农业的过渡，也给英国乡下的景观带来巨大的变化——乡间到处都是山楂树篱笆，因为人们正是用它来圈地的！从 16 世纪开始，山楂树成为圈地篱笆的首选，在 18、19 世纪的圈地运动中，英国境内种植了 20 多万英里的山楂树篱笆。山楂树篱笆可谓英国圈地运动的干将，据统计，英国境内目前约有 50 万英里（约合 80.46 万公里）的山楂树篱笆。

山楂树篱笆受宠，其中一个重要原因是山楂树生长旺盛，发枝多，成形快，枝叶繁盛浓密，又具有尖锐的刺，是抵御动物和人类入侵的最理想的围栏。另一个原因是山楂树生命力极强。它们在海边也能够健康成长，强烈的海风和持续的盐雾会破坏大多数植物，却拿山楂树无可奈何。在其他多风雨的地方，山楂树也能野蛮生长。并且，山楂树比其他大多数植物更能适应极端的土壤环境。无论是在过于潮湿，还是过于干旱的土壤里，它们都能够随遇而安。除了发挥边界线的作用，山楂树篱笆也是昆虫和动物们的港湾。

　　在久远的过去，山楂树是带魔法的树，是圣树，它们受到人们的尊敬和喜爱，被人们用于祭拜；在 400 多年前，山楂花是希望之花，也是力量之花，它们载着寻梦者远渡重洋，孕育了美国梦；它们又凭借身上的刺和强大的生命力，成为英国圈地运动中随处可见的篱笆墙，见证了历史。

22

蓟花，
刻在苏格兰国玺上

Milk Thistle, Carduus marianus

不知不觉，天气开始转凉了，鲜花渐渐退场，干花陆续登台。我从圣安德鲁斯植物园买回一大束蓟花干花，它们呈淡紫色，神秘、温暖而浪漫。在苏格兰生活的人没有不知道蓟花的，如同英格兰的国花是玫瑰，苏格兰的国花是蓟花。苏格兰的婚礼、毕业典礼和庆典活动上时有蓟花，并且，几乎每个苏格兰人的零钱包里，都会有一两枚带有蓟花图案的 5 便士硬币。

"守护者蓟花"藏着国王的乡愁

有些国花是政府机构指定的，有些国花是大众投票选出来的，而蓟花成为苏格兰的国花，却源自苏格兰的战斗史。苏格兰人历来崇尚自由和独立，他们面对罗马人、维京人和诺曼人的入侵，顽强不屈。浑身是刺、在荒野里寂然生长的蓟花，和这个战斗民族结下了不解之缘。

蓟花

MILK THISTLE

公元 1263 年，在苏格兰国王亚历山大三世统治期间，一支来自北欧的维京人军队准备夜袭苏格兰。当时狂风暴雨，偷袭者的大船停靠在苏格兰西海岸埃尔郡的拉格斯海滩。士兵们开始登陆，为了不打草惊蛇，他们脱下鞋子行进，希望在苏格兰士兵熟睡时活捉他们，占领他们的地盘。

不过，苏格兰人很幸运。苏格兰到处都生长着密密麻麻的蓟花，这种花的茎上长满了锋利的刺，美丽但危险。黑暗里，一名维京士兵刚好踩在蓟花的尖刺上，立即疼得大叫起来。沉睡中的苏格兰士兵被吵醒。他们发现维京人入侵，马上奋起反攻。偷袭者很快战败，仓皇而逃。蓟花帮助苏格兰士兵保卫了自己的国家，赢得了"守护者蓟花"的美名，从此被视为苏格兰的象征。在苏格兰有一句格言："犯我者必受惩"，这里的"我"原来指的是蓟花，后来引申为苏格兰的勇士和士兵。

玫瑰花象征英格兰，蓟花象征苏格兰。16 世纪初，两种花相映生辉。1503 年，为了苏格兰和英格兰的和平大业，苏格兰国王詹姆士四世与来自英格兰都铎王朝的公主玛格丽特·都铎结婚，这位玛格丽特公主，正是苏格兰玛丽女王的奶奶。此时，苏格兰和英格兰成为亲家，玫瑰和蓟花也同框出现。英格兰王室的得力助手、英国官员约翰·杨恩曾陪同玛格丽特公主远嫁苏格兰，他当时记载："到达爱丁堡后，穿过一道门，门上有一尊独角兽雕像，独角兽手持蓟花和玫瑰花，之后，他们走进宫殿大堂，大堂也用蓟花和玫瑰花装扮。在爱丁堡城堡的宴会大厅，他们也看到蓟花和玫瑰花。"没有法令，没有投票，但显然这是对蓟花成为苏格兰国花最隆重的官宣。

詹姆士四世无疑很喜欢蓟花，他命人将蓟花印记铸在硬币上，这大概多少受其父詹姆士三世的影响，后者于 1474 年首次下令将蓟花图案铸在银币上。16 世纪中后期，苏格兰女王玛丽将蓟花的形象用于苏格兰国玺，象征国运昌隆，长盛不衰。后来，托老祖母玛格丽特公主的福，玛丽女王的儿子，即苏格兰国王詹姆士六世到伦敦继承英国王位，成为英国国王詹姆士一世，开启了苏格兰和英格兰及爱尔兰共主联邦的时代。大概因为浓郁的乡愁，或是为了不忘本，詹姆士一世下令将蓟花铸在全英国发行的硬币上。除此之外，他还下令继续使用同时含有蓟花和玫瑰花的徽章。在硬币上铸蓟花图案的传统

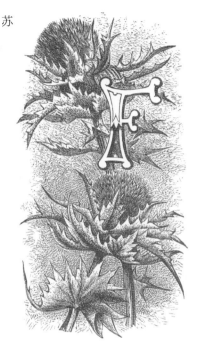

保留至今。如今，除了 5 便士硬币，英国发行的一种 1 英镑硬币上也有蓟花图案。

然而，蓟花的种类繁多，包括朝鲜蓟、蓝蓟、大蓟、洋蓟、水飞蓟、乳蓟和麝香蓟等，从古至今，没有人明示为苏格兰立下丰功伟绩的蓟花到底是哪一种蓟花。我想它一定是长满了刺、虽不起眼但一身冷艳的那种花。

为十二骑士创建蓟花勋章

爱丁堡城堡是爱丁堡乃至于苏格兰精神的象征。城堡正门两侧各有一尊铜像，分别是苏格兰民族英雄威廉·华莱士和罗伯特·布鲁

斯，而城堡正门上方有这样一句拉丁文："Nemo me impune lacessit"，意思正是"犯我者必受惩"。看到这样的语句，你是否会肃然起敬？不得不承认，苏格兰人不屈不挠、捍卫本族的豪情令人钦佩。

华莱士和布鲁斯，一个是平民英雄，一个是君王英雄，他们不顾生死，如同"守护者蓟花"，对抗英格兰入侵，保卫着自己的国家。并且，两人也都是"犯我者必受惩"的写照。我不禁想到《勇敢的心》中，华莱士面对断头台宁死不屈，大喊"自由"，这声呐喊和苏格兰历代入侵者踩在蓟花上的哀嚎，交织在一起，徘徊在苏格兰上空。

"犯我者必受惩"也正是蓟花勋章的格言。该勋章是授予苏格兰骑士的勋章，代表了苏格兰的最高荣誉。历史学家普遍认为，蓟花勋章的首创者是苏格兰国王詹姆士五世。1540 年，詹姆士五世获得叔叔即英格兰国王亨利八世授予的嘉德勋章和法国皇帝授予的金羊毛勋章。戴着金光闪闪的勋章，詹姆士五世并没有趾高气扬，反而觉得有些沮丧，因为自己的王国没有什么名目的勋章可授予人家。于是，他赶紧为自己和手下十二位骑士创建了蓟花勋章。但也有历史学家指出，蓟花勋章的起源可能更久远，可追溯到 9 世纪初苏格兰国王阿查斯和查理曼国王结盟时期，而詹姆士五世只是复兴了这种古老的传统。如果这种说法确切的话，蓟花成为苏格兰的象征的起始时间，又可以提前几个世纪了。

关于蓟花勋章的起源，目前的版本是，它是英国国王詹姆士二世（即苏格兰的詹姆士七世）于 1687 年制定的。通常，在世的受勋者只有 16 人。但英国国君有权额外授予其他人蓟花勋章，如英国王室成员与外国国君等，不过，名称要换成"超额骑士"。

历史上第一位超额骑士是维多利亚女王的丈夫阿尔伯特亲王。

目前，除已故英国女王伊丽莎白二世以外，蓟花勋章的正式成员有16 位，超额骑士有 4 位，包括现任英国国王查尔斯三世、已故的菲利普亲王、威廉王子和安妮公主等。蓟花勋章的授予仪式都在爱丁堡圣吉尔斯大教堂蓟花勋章礼拜堂内进行。如今，虽然不再有苏格兰骑士为国家而战，但只要是"担任公职或以特殊方式为英国国民生活做出重大贡献的苏格兰人"，都有可能获得蓟花勋章。

史诗般的《醉汉看蓟》

关于蓟花最著名的一首诗是苏格兰诗人威廉·邓巴的作品《蓟花和玫瑰》，这首诗写于 1503 年 8 月，为祝贺苏格兰国王詹姆士四世和英格兰玛格丽特公主大婚而作。这首诗用玫瑰代表玛格丽特，用狮子、鹰和蓟花代表詹姆士，大赞皇室婚礼，但这也是一首政治讽喻诗。邓巴在梦境中探讨英格兰和苏格兰的和平，思考现实与虚构的问题。这首诗歌并没有描述日常现实，而是退后一步，选择某些意象，用它们象征思想，并以此表情达意。

另一首关于蓟花的名诗是苏格兰诗人休·麦克迪尔米德的《醉汉看蓟》。麦克迪尔米德是苏格兰民族主义者，他后来成为社会主义者。他的诗歌创作理念是"来源于生活，高于生活"。《醉汉看蓟》是人们公认的麦克迪尔米德的杰作，这首诗被视为史诗般的意识流诗，可与乔伊斯的《尤利西斯》相媲美。

整首诗是一个醉汉的长篇独白，这个醉汉从烂醉到清醒，逐渐认识到苏格兰的各种现状。诗中，蓟花是苏格兰的象征，醉汉在各种情况下看蓟花。蓟花变化多端，每一种变化都代表了苏格兰生活的一个方面。这首诗涉及广泛的文化、政治、科学、存在主义、形而上学和宇宙等主题，既滑稽可笑，又严肃深刻，并且，诗句浮想联翩、跌宕生动，而这一切通过一个始终如一的线索串联起来，即诗人对苏格兰的热爱和反思。

麦克迪尔米德写《醉汉看蓟》的初衷，从诗文中可见一斑："一个苏格兰诗人必须负起，拯救人民于危亡的重任，他宁死也要劈开活埋他们的土坟。"显然，字里行间体现着诗人强烈的民族意识，诗人呼吁苏格兰的文学创作者为保留苏格兰的民族认同做出自己的贡献。蓟花是苏格兰民族的象征，诗人借助这个具体的意象，唤醒苏格兰精神。

提到苏格兰精神，我的脑海里又浮现出电影《勇敢的心》中的镜头。童年的华莱士在父亲的坟前哀伤，美丽的小姑娘梅伦挣脱母亲的手，摘下田野里的一株蓟花，送给了华莱士。蓟花安慰了华莱士受伤的心灵，也鼓励他最终成为真正的男子汉。华莱士手中的蓟花，便是苏格兰的蓟花。

历史上，蓟花帮助苏格兰人反抗入侵者，催生了"犯我者必受惩"的格言；蓟花勋章被授予杰出的苏格兰人；蓟花作为苏格兰的象征被诗人写进历史，被后人传诵……大概再也没有一种花能像蓟花这样具有如此强烈的民族性。

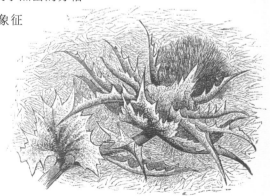

23

冬青，
狄更斯的最爱

Holly, Ilex aquifolium

圣诞节临近，英国的街头巷尾陆续挂起了圣诞彩灯，支起了圣诞树，摆出了圣诞饰品。很多人家的大门上，添了带小红浆果的绿枝编成的圣诞花环。它们红绿相间，给寒冷的冬天带来一股春意。

这些绿枝上缀满深绿色的叶子，叶子边缘呈刺状，叶片厚硬。一簇簇红色的果实散布在绿枝上。几乎所有英国人都认识它们，它们是"冬青"（holly），又名欧洲冬青。人们一边唱着《用冬青树枝来装饰大堂》一边欢度圣诞节，冬青的绿和红是圣诞节的主色调，连哈利·波特的魔杖也是冬青木做的呢，冬青已经成为英国文化的一部分。

凯尔特人的冬青王

冬青原产于欧洲东南部，后来在英国和北欧国家生根发芽。冬青雌雄异株，白色的冬青花会在早春到夏初之间盛开，为蜜蜂和其他授

冬青

HOLLY

粉昆虫提供花蜜和花粉。授粉后的雌花会长成红色的浆果，这些浆果通常整个冬天都不会从树枝上掉下来。冬青浆果是大自然馈赠给动物们的美味，知更鸟、朱缘蜡翅鸟、松鸡、松鼠和鹿都喜欢吃它们。特别是在冬季，冬青浆果是它们赖以生存的食物。不过，也有人说冬青浆果味道苦涩，并非所有的鸟儿都喜欢吃，但这不妨碍它们用鲜艳的颜色吸引鸟儿，让鸟儿衔着它们飞到天涯海角，帮它们迁徙和扩散。

对冬青迁徙功不可没的还有凯尔特人。大约公元前 12 世纪，凯尔特人首次出现于欧洲西部，后来几个世纪一直向周边迁移。他们信奉德鲁伊教，崇尚自然，朝拜树木，而橡树和冬青便是他们最喜欢的两种树，并称"常青双树"。在凯尔特人的神话传说中，橡树王是光明的统治者，从夏至执政到冬至；而冬青王则掌控着黑暗，从冬至统治到夏至。它们不停交替，形成了四季。这个故事经常成为圣诞节期间热门的舞台剧脚本。剧中，冬青王被塑造成一个强大的巨人，全身被冬青叶裹着，手中挥舞着冬青树枝棍棒，一副英勇无畏的样子。

这个画面有点像 14 世纪英国诗歌《高文爵士与绿衣骑士》中的场景。某年圣诞夜前夕，亚瑟王与众圆桌骑士在宫廷大殿中欢庆节日，突然，一名身披绿色战甲的骑士骑着一匹绿马闯了进来，一手拿着冬青，一手拿着把斧头。他向亚瑟王的众骑士提出挑战，问有谁能当场砍下他的头，并在一年零一天后接受他的回砍。高文爵士自告奋勇砍下了绿衣骑士的头……这首诗赞扬了骑士精神，而绿衣骑士手中的冬青则寓意骑士的骁勇善战。

凯尔特人认为冬青有种神奇的力量，他们将冬青编成花冠戴在头上，祈求庇护，相信住在冬青里的仙灵会保佑自己免受邪灵侵袭。

后来，基督教徒借鉴凯尔特人的传统，将冬青纳入圣诞节的庆祝活动，并赋予冬青新的内涵。他们认为冬青象征着死亡和重生，其多刺的绿叶象征戴在耶稣头上的"荆棘冠冕"，红色浆果象征耶稣的鲜血，白花则代表耶稣的纯洁和无私。教徒们还认为，冬青浆果原是白色，因为耶稣为人类牺牲，浆果被他的献血染红了。不过如今，人们唱起《用冬青树枝来装饰大堂》《冬青与常春藤》等歌谣时，冬青的宗教含义早已被淡化，大家喜欢的大概就是冬青本身，因为它们在萧瑟的冬天里格外耀眼。

整个 11 月，我在爱丁堡附近的山里散步，总能看到冬青。我想折一些冬青枝，编一个圣诞花环，挂在家门上，按当地人的说法，这是唯一可以"破坏"冬青的时机，在圣诞节之外的时间折冬青枝会很不吉利。

有趣的是，冬青叶也是怀春女子的"魔法叶"，苏格兰的未婚女子会在圣诞节前一天收集一把冬青叶，并用手帕把它们包好放在枕头下。如此，她们就会在当晚的梦中看到她们未来丈夫的模样。

哈利·波特的冬青木魔杖

好友告诉我，她有个英国同学名叫"冬青"，因为他是在圣诞节期间出生的，所以家人给他起了这样的名字。这也寓意他是家人的希望，如同绿色的冬青是冬天里的希望。冬青是常绿植物，它们的叶子在整个冬季都会保持绿色。在北半球，最常见的常绿植物是针叶树，因为针状叶子耐霜冻，长有阔叶的冬青成为常绿植物，算是一种例外。

除了色彩给人带来希望和喜悦，冬青浑身是宝。冬青叶具有很高的卡路里，特别适合用作牲畜的冬季饲料。尤其在粮食短缺时期，冬青叶曾立下汗马功劳。有些农夫甚至用搅碎机把冬青叶搅碎，让它们变得更可口。凋落的冬青叶会被鸟儿们叼走筑巢，刺猬和其他小型哺乳动物会把它们搬运走，为冬眠做准备。冬青叶也可用于治病，打碎的冬青叶可帮助治疗支气管炎、流感、发烧和风湿病等。对人类而言，冬青的浆果虽然有毒，会引起呕吐，但却可用作泻药。

在 J.K. 罗琳笔下，哈利·波特的魔杖就是冬青木做的。她描述，冬青木适合那些需要克服自己的怒气和急躁情绪的主人使用。魔杖要自己挑选主人，被冬青魔杖选中的主人通常爱冒险，有远大志向。哈利·波特勇敢、有胆识、爱冒险，也有点儿冲动，冬青魔杖选中他太合适不过了。而作为实际生活中所需的木材，冬青木已被英国的家具制造商使用了数百年。它质地坚硬、耐用，适合做细工材料，经常被用于木雕和饰面等。白色的冬青木很容易被染色，而被染成黑色的冬青木可代替常用于做茶壶手柄的黑檀木。18世纪下半叶，冬青木还被广泛用于打造新古典家具。

提起冬青木，人们很容易会想到好莱坞的英文名"Hollywood"，而这个名字的由来也和冬青有关呢。据说，好莱坞所在的那片土地最初的主人看到遍地美丽的冬青，便以它命名。另一种说法是，那片土地的主人来自苏格兰，他觉得"holly"很有英国味道，而"wood"的含义是小树林，象征他那有着很多小树林的故乡苏格兰。

狄更斯的圣诞小说

冬青几乎就是圣诞节的代名词。英国作家查尔斯·狄更斯创作了三部圣诞小说 ——《圣诞颂歌》《教堂钟声》和《炉边蟋蟀》。因为《圣诞颂歌》，狄更斯让圣诞节在维多利亚时期的英国重现辉煌，他本人也被誉为"英国圣诞节之父"。在这几部小说中，冬青都是必不可少的元素。

《圣诞颂歌》中有七处写到冬青，比如，在描绘小职员鲍伯·克拉契一家欢乐的圣诞晚餐时，圣诞布丁被端上来，"好像一颗布满斑点的大炮弹，又硬又结实，在四分之一品脱的一半的一半的燃烧着的白兰地酒之中放着光彩，顶上插着圣诞节的冬青作为装饰"。克拉契一家人虽然贫穷，却勤恳工作。他们绞尽脑汁，用有限的食材做出一顿像样的大餐。狄更斯表面上描述圣诞大餐，实际上要展示穷人们的生活和快乐。比如，圣诞布丁上插着的冬青，一方面烘托温馨的节日气氛，一方面表现主人希望借助冬青的魔力，驱赶邪恶力量。

《圣诞颂歌》中的埃比尼泽·斯克鲁奇是一个吝啬鬼，讨厌圣诞节。平安夜前夕，他对侄子说："如果我可以实现我的愿望，每一个说'圣诞快乐'的傻瓜都应该和自己的布丁一起煮沸，然后在他的胸前插根冬青树枝埋起来。"斯克鲁奇的语言荒谬，甚至嘲笑会给人带来好运气的冬青树枝。爱尔兰作家乔伊斯称自己不喜欢狄更斯的作品，不过在《尤利西斯》中，乔伊斯写道："斯蒂芬回答时，嗓子直发痒：'是狐狸在冬青树下埋葬它的奶奶。'"此处正是他对狄更斯作品中斯克鲁奇荒谬的语言的戏仿。

狄更斯对冬青的喜爱之情，还体现在他的短篇小说《冬青旅馆的擦靴匠》中。这篇小说讲述了一个发生在十多岁的小绅士和小淑女之间的青涩恋情，温情中带着感伤。狄更斯去世后没多久，这部作品在 19 世纪 70 年代的美国引发了一场冬青树咖啡馆运动。

1870 年 12 月，波士顿出版商詹姆斯·托马斯·菲尔兹的妻子安妮·亚当斯·菲尔兹在美国东北部创建了第一家冬青树咖啡馆。它是非营利机构，以成本价为工作女性提供餐食。后来，在安妮的启发和支持下，包括芝加哥在内的更多城市有了自己的冬青树咖啡馆。安妮表示，1867 年，狄更斯在波士顿举办了作品分享会，当时她也在场。她被狄更斯笔下跨越阶层的温暖故事感动，所以想做些力所能及的事。用冬青树为咖啡馆命名，是因为冬青树象征着善良，同时也向充满悲悯情怀的狄更斯致敬。

关于冬青的传说和故事令人目不暇接，它们是冬天里的希望，是凯尔特人的庇护神，寓意着耶稣牺牲自己拯救世人。而狄更斯，他不仅让圣诞节的传统复兴，也让冬青为更多人所熟知，启发更多人慈悲善良。时光易逝，冬青不老；冬青般的善良，也永远不会过时。

24

雪花莲，
冬天里害羞的小孩

Snowdrop, Galunthus nivalis

又到了飘雪的季节，大多数花草选择了枯萎、冬眠，雪花莲却破土而出。它们探出娇羞的绿叶，挂起洁白的小花，恬静而从容地面对着冰雪，给寒冬带来色彩，给人们带来慰藉和遐想。雪花莲是在冬天里盛开的花。此时，今年的第一场雪翩然而至，我开始在家附近的河边林下寻找雪花莲。

送给雪花颜色的花

雪花莲，别名雪滴花、铃花水仙、待雪草等，它是冬末春初盛开的第一种花，象征着希望，在欧洲深受喜爱。大概因此，关于它来历的故事层出不穷。一种说法是，当亚当和夏娃被逐出伊甸园时，他们充满绝望。当时，天空飘着雪花，两人瑟瑟发抖。一位天使从天而降，对他们说："你们不可以继续留在这里了，必须马上走。"亚

雪花莲

SNOWDROP

当和夏娃惊恐不已，泪流满面。天使伸出一只手，用手掌接住一片片雪花，往雪花上吹了一口气，雪花立刻变成了一簇簇娇柔的小花——它们就是雪花莲。天使对亚当和夏娃说："它们象征善良，也象征希望。"天使将雪花莲撒在两人周围，亚当、夏娃和雪花莲就一起来到了人世间。

另一说法流传于罗马尼亚。相传，每年太阳都会变成美丽的姑娘，来到人间温暖大地。当她来临时，鸟儿们开始唱歌，树根在地下蠢蠢欲动，人们深爱着她。然而有一年，冬天的怪兽龙人把太阳姑娘劫走，关进了城堡的地牢里。结果，冬天久久不肯离去，大地坚硬而灰暗。一位默默爱着太阳姑娘的英雄将龙人从城堡里引诱出来，和怪兽决一死战。英雄最终救出了太阳姑娘，但他本人却身负重伤倒在地上。英雄的血滴在积雪上，变成了一朵雪花莲。雪花莲在阳光的温暖下盛开。罗马尼亚人把雪花莲视为春天的象征，每年 3 月 1 日是他们的春节，雪花莲便是这个节日的主角。到那天，人们用红线和白线编织成好看的护身符、小玩偶，装饰雪花莲，送给心爱的人。

在德国，雪花的颜色要归功于雪花莲。据说，造物主在缔造万物时，慷慨地把颜色分给动植物，轮到雪花时颜色已经分完了，透明的雪花伤心不已。造物主说："没关系，我给了其他花很多颜色，我保证它们会和你分享，你只管向它们要就好。"于是，雪花兴高采烈地去要颜色。可没想到的是，黄水仙花、蓝铃花都拒绝了它，因为它们觉得雪花冷冰冰的，不讨人喜欢。正当雪花感到绝望时，不起眼的雪花莲对它说："我听说你需要一些颜色，我有很多白色，我可以给你。"雪花莲赶忙刮擦自己身上的白色，递给了雪花。于是，雪花变成了白色。从此以后，雪花和雪花莲成为好朋友，任其在积雪里自由生长，让它们成为世间最与众不同的花。

雪花莲总是让人联想到善良、美好、无私，不过到了英国维多利亚时代，雪花莲却和死亡联系在了一起。据说，雪花莲最初被僧侣带到英国，并在修道院种植。它们与死亡的关联很可能源于这个时期，因为修道院通常和墓地紧挨着。1913年英国出版的《民间传说手册》写道：不要将雪花莲带进屋子里，因为它们会使牛奶变成水，会影响黄油的颜色。1969年英国出版的《发现植物的民间传说》记载了类似的建议，认为雪莲花会影响母鸡孵小鸡。这些洁白的小花是否会带来灾难和厄运，无人知晓，但最好不要采摘它们，因为它们离开熟悉的土壤，只会枯萎。

安徒生为它正名

雪花莲在逆境中勇敢成长、追求自我的故事吸引了很多文人墨客写诗著文，其中包括丹麦作家安徒生。在他的笔下，雪花莲被称为"夏日痴"，这也是它在丹麦的俗名。安徒生的《夏日痴》讲的是一朵雪花莲的经历。

故事大意是：寒冷的冬天，雪花莲原本藏在地里和雪下的球根里，渗入土壤的雨滴告诉雪花莲，上面有一个光明的世界。听到阳光的呼唤，雪花莲迫不及待地从地下冒出来，在大雪天里盛开。阳光欢迎雪花莲，赞美它："你是第一朵花，你是唯一的花！"风和天气却指责雪花莲故意表现自己，提前出来抢风头。雪花莲不理会流言蜚语，倔强地抵抗着寒冬的肆虐，相信夏天一定会到来。一天，雪花莲被一个美丽的女孩发现，女孩写了一首以雪花莲为主题的诗，并连同这朵雪花莲一起寄给她喜欢的男孩。男孩欣喜不已，珍藏起信和花。不过，到第二年的夏天，男孩却把信件扔进了火炉，因为他得知女孩爱上了别人。幸运的是，雪花莲掉落在地上，没有被烧掉。女佣把雪花莲捡起来，把它当作书签夹进了一本书里，那本书是丹麦诗人安布罗休斯·斯多布的诗集。斯多布是生不逢时的诗人，也是一个"夏日痴"，雪花莲似乎遇到了知己。

1863 年，在哥本哈根出版的《丹麦大众历书》刊登了这个故事，安徒生表示他的创作初衷是为雪花莲正名。因为他的朋友德鲁生曾向他发牢骚，认为许多可爱的老名词被歪曲、滥用，比如雪花莲的俗名"夏日痴"被一些花圃的老板称作"冬日痴"。安徒生也借这个故事表达他对斯多布的敬意。斯多布的诗激进、前卫，甚至热衷于地狱和道德滑坡等话题，在当时颇具争议，斯多布在世时不受待见，被忽视，直到他去世 100 多年后，人们才认识到他的作品的价值。斯多布的命运像极了雪花莲的命运。

《夏日痴》警醒世人：有些人敢为人先，他们会遭受质疑和嘲讽，但他们最终会成为开拓者。如同雪花莲，貌似盛开得不合时宜，但它是独一无二的花。每个人都是唯一的，只要勇敢，直面困难，坚持自我，每个人都可以走出不一样的人生。

诗人笔下的雪花莲

诗人、作家对雪花莲的喜爱之情被总结成这样一句话:除了莎士比亚,好像所有文人都写过雪花莲。这话虽然有些夸张,但现当代西方重要的两位诗人——英国桂冠诗人特德·休斯和2020年诺贝尔文学奖得主美国女诗人露易丝·格丽克确实都曾以《雪花莲》为题写诗。

休斯关注自然界的美和暴力,将其与人世间的美和暴力相比,探究自然与现代社会之间的联系。美国诗人罗伯特·洛威尔评价休斯的诗像"霹雳"。《雪花莲》是休斯1960年发表的一首短诗。诗中写道,寒冬腊月,老鼠冬眠,甚至连地球也放慢了运转的脚步,然而,鼬鼠和乌鸦却继续在黑暗中活动。休斯转向雪花莲,将其人格化为"她",写她继续追求她的目标,在最残酷的岁月里坚强地绽放。休斯没用一句话描写雪花莲的柔美和脆弱,而将它和在冬季掠食的鼬鼠和乌鸦放在一起,描写雪花莲"苍白的头颅重如金属",休斯一眼看出雪花莲坚韧的本质。休斯认为,大自然是残酷的舞台,如何幸存是他书写的主题。当老鼠在泥土深处冬眠时,同样的土壤孕育了毫不示弱的雪花莲。

休斯的一生充满了悲剧色彩。他的两任妻子先后自杀,并且,他的第二任妻子还杀死了她与休斯的孩子。面对千夫所指,休斯从不辩

解，寄情于诗歌。如同雪花莲，面对寒冬的残酷和无情，唯有以坚韧的意志与之对抗。1998年，休斯因病去世，他在去世前，出版了用30多年时间书写的致亡妻西尔维娅·普拉斯的《生日信札》。休斯在这些诗中倾诉了对普拉斯的思念之情。

露易丝·格丽克的《雪花莲》描绘了冬天过后，雪花莲奇迹般地复苏的情境。这首诗出自她的诗集《野生鸢尾花》。格丽克在诗中描写新生的雪花莲："我没有想到会醒来，感觉，我的身体在潮湿的泥土里，能够再次回应，记起，这么久以后如何再次盛开，在初春时节的寒光里——害怕，是的，但又一次来到你们中间，在新世界的狂风里，哭泣是冒险的喜悦。"这首《雪花莲》歌颂了生命的精彩。格丽克的语言朴素，诗文充满生命力和激情。她经常在大自然中寻找意象，她对大自然的书写和另一位美国女诗人艾米莉·狄金森一脉相承。

除此之外，英国诗人华兹华斯在《致雪花莲》中写道："谦虚和优美令我难忘，纯洁的雪花莲，冒险的春天的使者，岁月流逝的沉默见证者！"英国诗人玛丽·罗宾逊在《雪花莲颂》中写道："雪花莲，冬天的害羞的小孩，泪流满面地醒来。"苏格兰诗人乔治·威尔逊在《雪花莲的起源》中写道："雪花莲像弓，横跨多云的天空，成为一种象征，让我们知道，光明的日子不再遥远。"

此时，外面依然天寒地冻，我期待着更多风雪的到来，因为当雪花降临时，清秀可爱的雪花莲也会绽放。不过，清秀可爱只是它的外表，它的内心则是隐忍而刚强。它是亚当和夏娃带到世间的希望，是和寒冷的怪兽搏斗的英雄的化身，是被华兹华斯、安徒生、特德·休斯、露易丝·格丽克等文人颂咏的独一无二的花。冬天，雪花莲盛开，任雪虐风饕，寒冬终将过去，春天总会到来。

还有很多花

25 樱花
Cherry, Prunus cerasus

每年 4 月，爱丁堡的樱花如约而至。薄雨霏霏，落樱纷纷，我走在位于爱丁堡大学图书馆后的"The Meadows"樱花道，遥想当年苏格兰地质学家詹姆斯·赫顿、经济学家亚当·斯密、英国化学家约瑟夫·布莱克同样在这里漫步、思考、等候、偶遇。樱花是春天的象征，但因其短暂的花期，也象征着生命的短暂。有"樱花七日"的说法，指一朵樱花从开放到凋谢大约为七天。樱花的花期虽短，却绽开得美丽绚烂。据说，樱花是由古罗马人从位于土耳其东北部的本都王国带到欧洲的。14 世纪，英国作家乔叟称樱花为"cherise"。上海辰山植物园的刘夙先生告诉我，图中这株樱花品种是欧洲酸樱桃，目前爱丁堡的樱花大概是来自日本的品种。

樱花

CHERRY

200

26 紫萼路边青
Water Avens, Geum rivale

紫萼路边青，别名水杨梅，又名巧克力根、万灵药、印第安巧克力和喉根。紫萼路边青的英文名中含"水"，没错，它是一种喜欢水的植物。它喜欢生长在潮湿的栖息地，包括河边、潮湿的树林和草地。它的花期是5~8月，它的紫红色的小花悬挂在柔弱纤细的紫色茎上，低垂着头，显得柔顺而谦恭。紫萼路边青是一种药草，曾被用来治疗腹泻和低烧，而它的根曾被用于治疗喉咙疼，因此被誉为"喉根"。据说中世纪，紫萼路边青为对抗瘟疫立下了汗马功劳。除此之外，它也为欧洲的酒文化做出了贡献，曾被放进德国奥格斯堡啤酒中，为酒增添了独特的味道。紫萼路边青的种子可以黏附在动物毛皮和人类的衣服上，实现附着传播。

紫萼路边青

WATER AVENS

27 荆豆
Furze, Ulex europaeus

　　雪花飞舞的 2 月，我曾去爱丁堡布雷德山看雪，那是我第
一次注意到漫山遍野金灿灿的荆豆：它们争先恐后地盛开着，拥
抱着纷纷扬扬的雪花。5 月的一天，我看到爱丁堡亚瑟
王座山上成片的荆豆倒映在山前的圣玛格丽特湖上，
只见湖面黝绿和金黄交错相融，美得像是一幅油画。
我在苏格兰白沙滩海岸附近的荒瘠沙丘上也遇到
过生长得密密麻麻的荆豆，它们在凛冽凄
冷的海风中接受洗礼，桀骜不驯。英文
"gorse""furze"和"whin"指的都是
荆豆。荆豆是一种低矮的灌木，通常
在 1~6 月开花。它们不惧恶劣环境，常
生长在贫瘠的山丘上或是阳光充足的
沙质土壤里。民间传说，当荆豆
凋谢时，不要亲吻你的爱人。
不过，荆豆品种众多，一年四
季都有花盛开，所以随时随地，
想亲就亲吧。

荆豆

FURZE

202

28 大车前
Broad-leaved Plantain, Plantago major

从夏天到秋天，大车前那长长的、稻草色的花穗在人行道和小径上随处可见。它的花朵呈鳞片状、花穗呈鼠尾状，因此又被称为"鼠尾"。17 世纪初，英国开始向北美殖民，大车前随英国殖民者的步伐在美洲安家落户，而这段历史也让它获得了"白人的脚"或"英国人的脚"的绰号。大车前生命力顽强，能够在任何有土的环境中生长，而且耐寒。它是一种风媒植物，通常在 6~10 月开花。这种植物可用于制作抗组胺剂、抗真菌剂、抗氧化剂、镇痛剂和抗生素等，堪称万能草药。我初到英国时并不认识会蜇人的刺荨麻，结果手臂碰到刺荨麻，变得生疼，幸亏朋友及时找来大车前，将它的叶子揉碎给我敷上，很快就缓解了我的疼痛。当然，若找不到大车前的话，用生长在刺荨麻周围的钝叶酸模也管用。

大车前

BROAD-LEAVED PLANTAIN

29 绿铁筷子
Green Hellebore, Helleborus viridis

　　人们通常认为植物的叶子是绿色的，若看到绿色花，那又会是怎样的惊喜？绿铁筷子就是一种开绿色花的植物，且在冬天盛开。某年2月，我在苏格兰文豪沃尔特·司各特的故居阿博茨福德庄园第一次见到它，只见绿铁筷子的花和叶子呈同样的淡绿色，翠绿欲滴，花朵比硬币稍大，精神抖擞的，争相探着脑袋，像是在大冷天偷偷跑出来玩耍的小孩。绿铁筷子的叶子整个冬天都是绿色的，花期是 2~4 月。它经常生长在英格兰南部的石灰岩和白垩土壤中。大概因为其花朵的形状，绿铁筷子拥有"熊的脚"和"野猪脚"的绰号。千万要小心的是，绿铁筷子全身都有毒，误食该植物的任何部分都可能导致严重的呕吐和癫痫发作。由于绿铁筷子是一种天然的泻药，历史上，人们曾经用这种植物治疗儿童蛲虫病，将蛲虫排出体外。

绿铁筷子

GREEN HELLEBORE

30 海滨蝇子草
Sea Campion, Silene maritima

夏天，我在苏格兰的海岸边徒步，无论是徜徉于多碎石的小道上，还是踏上沙丘，都会看到一簇簇的小白花：有着长矛状的灰绿色叶子和相对较大的花朵，它们就是海滨蝇子草。海滨蝇子草在 6~8 月开花，其花朵的样子有点像白玉草的花，因而一度被误认为是它的一个分支。海滨蝇子草的花萼呈囊状，像是一只小花瓶，每朵花都有五片花瓣，但每片花瓣的中间都有道裂纹，给人一种该花含有十片花瓣而不是五片花瓣的错觉。作为一种沿海植物，海滨蝇子草可以忍受沙质土壤，也可以忍受暴晒和阴冷。匪夷所思的是，海滨蝇子草又被称为"死人的钟声""女巫的顶针"和"魔鬼的帽子"。民间传说，不可以采摘这种植物，否则会招致死亡。

海滨蝇子草

SEA CAMPION

31 欧洲卫矛
Spindle Tree, Euonymus europaeus

　　欧洲卫矛 5~6 月开花，9~10 月结果，它那形状和颜色都独树一帜的果实一下子就把我吸引住了。这些果实由绿色"胶囊"组成，成熟时会变成明媚亮丽的粉色浆果。每个胶囊有四个隔间，每个隔间里都含有一颗带有橙色"盖子"的白色种子。欧洲卫矛的英文名"spindle tree"，即"纺锤树"，令人不禁想起卫矛木曾被广泛用来制造纺纱的工具纺锤这段历史。纺织业是英国工业革命时期的核心产业，如此，欧洲卫矛为英国工业革命贡献了力量。除此之外，欧洲卫矛木也被用来制造木雕和乐器等。卫矛种子的橙色皮可以用来制作染料。不过，卫矛叶和果实对人类有毒，误食其浆果会导致腹泻。

欧洲卫矛

SPINDLE TREE

32 阿拉伯婆婆纳
Buxbaum's Speedwell, Veronica buxbaumii

看到这样的名字，我想到了《长发公主》中的葛朵巫婆、《格林童话》中的风雪婆婆……不过，阿拉伯婆婆纳开着淡蓝色的小花，完全是一副小清新的模样，一点都不像老态龙钟的婆婆。阿拉伯婆婆纳的生命力顽强，能迅速传播，大概因此，其英文名中含有"speedwell"。但也有人认为，它们通常生长在小巷、路边，是旅行者常见的花，其英文名中"speedwell"的本义是"speed you well"，即"祝你旅途顺利"。在爱尔兰和苏格兰，人们会将阿拉伯婆婆纳花缝在衣服上，以保佑旅人一路平安。而在苏格兰，它被认为是击退女巫和各种恶魔的护身符。阿拉伯婆婆纳四季都会盛开，6~9月开得最繁盛。

阿拉伯婆婆纳

BUXBAUM'S SPEEDWELL

33 藏报春
Primula or Chinese Primrose, Primula praenitens

在上百种报春花中，只有几种报春花适合在室内种植，并且会从隆冬一直盛开到春天，藏报春就是其中一种。藏报春原产于中国，花期是 12 月到第二年的 3 月。据记载，19 世纪 20 年代，英国人首次在英国境内种植藏报春。藏报春主要通过种子繁殖，通常播种后半年便可开花。藏报春全株具有柔毛，叶子像是萝卜叶，花朵呈深红、粉红、淡蓝或白色等，它的伞形花序每轮含有 3~14 朵花。藏报春盛开时，只见一簇花在叶子上方盘旋着，如同一把撑开的太阳伞。藏报春又被称为中国樱草。

藏报春

PRIMULA OR CHINA PRIMROSE

西伯利亚海葱

SIBERIAN SQUILL

34 西伯利亚海葱
Siberian squill, Seilla siberica

早春的一天，我在爱丁堡的七英里公园散步，被树林间的一大片亮蓝色的植物吸引，它们是西伯利亚海葱。它们的叶子又细又长，比韭菜叶稍宽，无数小蓝花点缀其间，在午间阳光的照耀下，像散落在绿坪上的星星。西伯利亚海葱是一种球茎花卉，原产于俄罗斯和高加索地区，又名西伯利亚蓝钟花、西伯利亚绵枣儿。它们看上去小巧而纤弱，但实际上不惧霜冻和风雪，特别耐寒，甚至在零下 20℃左右也能存活。它们喜欢在落叶灌木和乔木下生长，通常在 3~4 月开花。要小心的是，这种植物有毒，食用可能会致命。

35 烟雾花
Fumitory, Fumaria officinalis

在莎士比亚的《亨利五世》中，野草代表着战争和破坏，而莎翁当时提及的野草便包括烟雾花。烟雾花有着灰绿色的小叶子和带刺的紫色小花。远远望去，似青雾缭绕，如梦如幻。英国插画师、童书作家西西莉·玛丽·巴克认为，传说中的烟雾花原本是"大地上的烟雾"。烟雾花喜欢生长在排水良好、裸露的土壤里，通常在 4~10 月开花，花朵多呈紫粉色，花朵上方有一团黑红色，看上去像是有人为花朵涂上了浓艳的口红。烟雾花也是一种药草，曾被用于治疗结膜炎和皮肤病，以及清洁肾脏等。烟雾花的花朵也可制作成染料，为羊毛染色。不过，这种植物有毒，最好不要在家里尝试。

烟雾花

FUMITORY

36 列当
Broomrape, Orobanche major

远远望去，一柱柱列当拔地而起，呈现出绝世独立的清高模样。然而，它其实是"寄生虫"。列当是一种无叶植物，茎上有交替的鳞片，这些鳞片呈长圆形或披针形。茎上长出五颜六色的花，花密密麻麻，占据了约大半个茎。列当的花最终会变成荚膜，每个荚膜内都含有数千粒种子。列当的种子最擅长"厚积薄发"，可在土壤中存活数十年。但很不寻常的是，列当并不是从土壤里直接生长出来的，它是一种寄生植物，需要寄生于其他植物的根部才能存活。列当的种子靠近宿主植物的根，在宿主植物的根所产生的某种化学物质的刺激下，得以发芽，并继续从宿主植物的根那里获得水分和养分。列当茎的颜色不一，有黄色、棕色或紫色等，但没有绿色，这表明它们不含叶绿素，不能进行光合作用。农夫们对列当深恶痛绝，因为它们会寄生在西红柿、土豆、卷心菜、甜椒、向日葵、芹菜和豆类植物的根部，导致农作物减产。

列当

BROOMRAPE

37 林生山黧豆

Narrow-leaved Everlasting Pea, Lathyrus sylvestris

无论在铁路边，还是废弃的工地，这种长得像是香豌豆的植物经常会映入人们的眼帘。它们的茎直立，上升或攀缘，叶轴具翅，叶轴的末端具有卷须。林生山黧豆通常在6~8月开花，花多呈粉色，温婉漂亮。尚未盛开的花蕾像是木屐，而位于花蕾上端萼片处的那个独特的方形凹口，像是鞋带的位置。林生山黧豆和人工种植的香豌豆最大的区别是没有香味，但这并不影响它们招蜂引蝶，因为它们的花颜色鲜艳，足以让授粉者们流连忘返。林生山黧豆喜欢充足的阳光和黏质土壤，是一种耐寒的多年生草本植物。不过，令人唏嘘的是，尽管林生山黧豆的美艳不亚于香豌豆，但因为它们是野生植物，便被人们视为杂草。

林生山黧豆

NARROW-LEAVED EVERLASTING PEA

38 野草莓
Wild Strawberry, Fragaria vesca

考古发掘的证据表明，自从石器时代以来，人类已经开始采摘食用野草莓。野草莓像极了草莓，法国种子商人阿德里科斯·维勒莫罕指出这两种植物的主要区别是：野草莓的叶子、花和果实都比草莓小，并且，野草莓有种特别的香味。野草莓和草莓的花期一致，两者都在 4~5 月开花。野草莓没有毒，其浆果色红而多汁，味道甜美。人们会用野草莓的叶子和浆果做茶。野草莓的叶子还是各种有蹄类动物，比如骡鹿和麋鹿，以及鸟的重要食物。野草莓借助匍匐枝，可以迅速向周围蔓延，其种子能够借助鸟和哺乳动物的粪便四处传播。

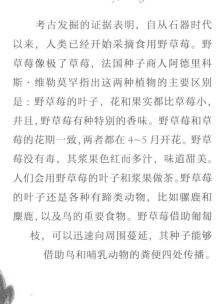

野草莓

WILD STRAWBERRY

39 希腊缬草
Greek Valerian, Polemonium reptans

实际上，希腊缬草并不是缬草，不过，它的另一个名字"雅各的天梯"形象而生动。在《旧约·创世记》中，雅各梦见"一个梯子立在地上，梯子的头顶着天，有神的使者在梯子上，上去下来"。"雅各的天梯"由此而来，代表通往天堂的梯子。希腊缬草之所以获得这样的称号，缘于它叶子的形状。这种植物拥有密密麻麻的叶茎，每个叶茎上都长着像是蕨类植物的叶子。这些叶子沿着叶茎逐次向上分布，像一个个梯子。希腊缬草通常在4~5月开花，花开时，只见纤细柔韧的茎上挂着一簇簇紫色花朵，花朵随风摇曳，襟飘带舞。希腊缬草也是一种药材，古希腊人曾用它的根来治疗痢疾、牙痛和动物咬伤等。这种植物喜欢阴凉，很容易成活。我的小花园里便种了两株希腊缬草，看着它们春天发芽，几个月就长到一米高，我感到一种莫名的喜悦。

希腊缬草

GREEK VALERIAN

40 微型锦葵
Miniature Mallow, Malva creeana

　　埃及有一道名菜叫锦葵汤。锦葵是一种全身上下都能吃的植物：嫩叶味道温和，可以替代生菜；老叶是绿叶蔬菜，可以烹制；花可以用于拌沙拉；果实可以生吃。这种植物喜欢阳光充足、凉爽的环境，可以通过播种、压条、扦插三种方式繁殖。锦葵通常在6~10月开花，它的花朵落落大方，花瓣轻盈，玲珑俊俏。图中的微型锦葵是19世纪末一位叫乔治·佩尼的先生培育的，它的叶子看上去和通常的锦葵叶稍有不同。锦葵可用于治疗泌尿系统、消化系统或呼吸系统的炎症，也是极好的舒缓镇痛的药草。

微型锦葵

MINIATURE MALLOW

41 常春藤叶天竺葵

Ivy-leaved Geranium, Pelargonium lateripes

《小王子》中写道："大人热爱数字
……如果你对大人说：'我看到一座漂亮
红砖房，窗台上摆着几盆天竺葵，屋顶有
许多鸽子……'那他们想象不出这座房子
是什么样子的。"这段文字让我对天竺葵产
生了好感，于是今年夏天，我一口气种
了 20 多株天竺葵。我发现它们的花
骨朵像雨后春笋般冒出来，花开了
一轮又一轮，且入冬后还能继续
开，我更喜欢它们了。常春藤
叶天竺葵是天竺葵的一种，因
为它的叶子像极了常春藤的叶
子，故得其名。这种植物是阳台
花箱、悬挂花篮的常用花。常春藤
叶天竺葵的花盛开后，若及时将凋败
的旧花梗摘除，新花梗会迫不及待
地冒出来。我便是这样料理我的天
竺葵的，并第一次感受到"花开了
一茬又一茬"的喜悦！常春藤叶天竺
葵全年都可以开花，不过，它们不能承
受持久的霜冻。

常春藤叶天竺葵

IVY-LEAVED GERANIUM

红花除虫菊

SHOWY FEVERFEW

42 红花除虫菊
Showy Feverfew, Pyrethrum roseum

　　顾名思义，红花除虫菊具有杀虫子的本领！除了红花除虫菊，也有白花除虫菊，两种植株内都含有高效的杀虫活性物质，即天然除虫菊素。它们的花头被碾磨成粉末后，便可以制作成杀虫剂。有趣的是，这种杀虫剂对昆虫和冷血脊椎动物具有毒性，对植物、鸟类和哺乳动物却没有多少杀伤力。由于这种杀虫剂源于天然，在自然界中很容易降解，不会沿食物链传递，不会污染环境，因此，它们被广泛用于家居和有机农业的生产。除虫菊是目前世界上唯一实现规模化和集约化种植的天然杀虫植物。6~8 月，除虫菊开出甜美的花朵，或白色，或红色，花朵中间是如阳光般明媚的金黄色花蕊。这种对昆虫来说最致命的植物，是人类的朋友，地球的朋友。

43 阿比西尼亚报春花

Abyssinian Primrose, Primula verticillata

阿比西尼亚报春花（也叫"总苞报春"）令人想到
九轮草，因为这两种植物的花都是环绕着茎螺旋而上。
1762 年，瑞典自然科学家彼得·福斯卡尔最先在阿拉
伯发现了阿比西尼亚报春花。当时，这种优雅的小黄
花正生长在潮湿的石灰岩山丘和阴凉的悬崖之上。福斯
卡尔是瑞典植物学家卡尔·林奈的学生，
1760 年，他接受丹麦弗雷德里克五世
委任，加入由六名成员组成的丹麦
阿拉伯探险队，前往阿拉伯收集动
植物标本。不幸的是，福斯卡尔在
旅途中因患疟疾去世，他去世时年仅
31 岁。整个探险队最终只有德国
数学家卡斯滕·尼布尔幸存
归来。阿比西尼亚报春花可
以长到 70 厘米高，灰绿色的
叶子呈矛状，晚春开出长管状、
金黄色、有香味的花。在沙
特阿拉伯，这种植物的
根状茎在传统兽医学
中用于治疗骆驼发烧。

阿比西尼亚报春花

ABYSSINIAN PRIMROSE

岩玫瑰
Rockrose, Helianthemum vulgare

如果一朵花只绽放半日，你会多看它一眼吗？岩玫瑰就是只开半日的花，所以又被称为"半日花"。不过，它的花量极多，旧花还没有凋谢，新花早已经跃跃欲试。花朵前赴后继地盛开，如此一来，岩玫瑰可以连续开上两三个月，让人忽略了单朵花的短暂生命。岩玫瑰是常绿灌木，叶片呈深绿色，单叶对生，晚春初夏开花，花呈粉红色、红色、黄色或白色等。岩玫瑰这个名字便暗示了这种植物的两个最显著的特征：花形像玫瑰，以及它们在岩石、贫瘠土壤中生长的能力。只要有阳光和自由排水的土壤，岩玫瑰就能够茁壮成长。它很泼辣，基本不需要维护。有位园丁称，他的岩玫瑰在同一位置快乐地生长了近 40 年！

岩玫瑰

ROCKROSE

45 白花秋海棠
White Begonia, Begonia 'Mont Blanc'

2020 年夏天，我在格拉斯哥植物园的温室里看到了几百种秋海棠。这些形态各异、花色缤纷的花卉让我流连忘返。人们通常认为秋海棠的原产地是巴西，但也有证据表明是墨西哥。据说中国栽种秋海棠的历史可以追溯到 14 世纪。第一个对秋海棠进行较详细记录的欧洲人是法国植物学家、探险家、方济各会修道士查尔斯·普卢米尔。他于 1690 年在巴西发现了须根类秋海棠。当时法国派驻圣多明各（现海地）的总督米歇尔·贝贡（Michel Begon）很热爱植物，并给了普卢米尔一些赞助，于是，普卢米尔便以他的名字为秋海棠命名，即 white begonia。后来，这个名字被瑞典植物学家卡尔·林奈沿用。大多数秋海棠来自热带地区，它们喜欢温暖的环境，这大概也是格拉斯哥植物园把它们养在温室里的原因吧。

白花秋海棠

WHITE BEGONIA

46 喀尔巴阡风铃草
Turbinate Bellflower, Campanula turbinata

顾名思义，喀尔巴阡风铃草原产于喀尔巴阡山脉，即阿尔卑斯山脉向东部延伸的山脉。喀尔巴阡风铃草也叫丛生风铃草，属于桔梗科植物。

这种植物无论在充满阳光还是半阴暗处的环境里都能迅速成长，能长到 30 厘米高。它的叶子呈椭圆形，它的花朵单生，有较长的花梗。它的花形再简单不过，或蓝色或白色或粉色的五片花瓣相连，甚至令人感到毫无新意。不过，每朵花都犹如一个风铃，它们争先恐后地昂着头，似乎在等待风把它们吹响。喀尔巴阡山脉的风铃草夏初开花，一直开到秋初。1774 年，荷兰植物学家尼古劳斯·约瑟夫·冯·雅坎首次将这种花介绍到英国皇家植物园邱园。

喀尔巴阡风铃草

TURBINATE BELLFLOWER

红花水杨梅

47 *Crimson Avens, Geum sylvaticum*

　　红花水杨梅也叫红花路边青，属蔷薇科植物，原产于巴尔干山脉和土耳其北部，通常生长在潮湿的沼泽地和溪流旁边。红花水杨梅花朵鲜红艳丽，因而被引入庭院成为观赏植物。这种植物的花生长在细长的茎上，茎上生有分枝，分枝上又生出新的花来。花和花骨朵儿参差不齐，交相辉映，秀美典雅。红花水杨梅是多年生植物，这意味着它每年都会重新发芽、开花，当然这离不开主人的细心呵护。红花水杨梅的茎很脆弱，随着植株渐大，分枝增多，需要主人及时插竹竿或对枝条进行扶持。

红花水杨梅

CRIMSON AVENS

48 紫露草
Spiderwort, Tradescantia virginiana

紫露草的叶子颇似百合的叶子，清秀的紫色小花朝开夜合，只开一天时间。幸运的是，每株紫露草生出许多花蕾，可以从春天一直开到初夏。紫露草又被称为蜘蛛草，如此可爱的植物如何和蜘蛛联系在一起？有人认为它的花朵像蹲在那里守候的蜘蛛，也有人认为它曾经被用来治疗蜘蛛咬伤。紫露草的学名"Tradescantia virginiana"大有来头，这个名字是向英国自然学家大约翰·特雷德斯坎特和他的儿子小约翰·特雷德斯坎特致敬。大约翰·特雷德斯坎特曾担任英国查理一世国王的园艺师。他们父子酷爱植物，曾遍游西欧、俄国、阿尔及利亚和土耳其等地，收集珍奇物种，小约翰·特雷德斯坎特还曾前往维吉尼亚，从当地带回很多奇花异草。父子俩对收藏的植物进行整理，于1656年出版了名为《特雷德斯坎特博物馆》的藏品目录。小约翰·特雷德斯坎特去世后，他们的全部收藏物被英国律师和收藏家伊莱亚斯·阿什莫林获得（据说小约翰·特雷德斯坎特死前曾将藏品托付给阿什莫林，但他的妻子坚持要这笔遗产，并和阿什莫林打起了官司，结果不久之后，这位女子离奇地死在了自家花园里，有人怀疑她是被谋杀的）。1683年，阿什莫林将这些藏品连同他自己的藏品赠送给了牛津大学，牛津大学阿什莫林博物馆由此诞生。阿什莫林博物馆于1683年开馆，是英国第一座公共博物馆。再见紫露草时，你会想起英国父子和牛津大学博物馆的故事，以及围绕植物藏品的争夺战吗？

紫露草

SPIDER WORT

49 山梅花
Syringa, Syringa grandiflora

我在爱丁堡皇家植物园遇到了山梅花，只见树上挂满了雪白的花朵，空气中弥漫着甜甜的味道。山梅花又被称作"仿橙"，大概因为它的花香像极了橙子花的香味。不仅如此，花的样子也有点儿像呢。山梅花是灌木植物，通常比较高大，可长到3~4米高，它的花期是6~7月。它有浅绿色的叶子，也有深绿色的叶子，花多呈单瓣，包括四瓣到六瓣，露黄蕊，像是大朵的梅花。山梅花的适应性很强，它在山区、丘陵和城市均可生长。并且，它身强体壮，对各种病虫害都有一定的抵抗力。山梅花除了观赏价值，也有药物价值。用山梅花枝和花煎出的浓汤可用于制成治疗湿疹和痔疮出血的浸泡液。

山梅花

SYRINGA

50 矮月桂
Mezereon, Daphne mezereum

矮月桂又名欧亚瑞香、二月瑞香等。它是一种先开花后长叶的灌木植物。冬末春初，一簇簇粉色的小花从光秃秃的枝干上冒出来，沿茎秆分布，显得有些突兀，像是有人嫌弃暗淡沉闷的冬季，故意为矮月桂缠绕上一圈圈假花。同时，矮月桂香气扑鼻，又为萧索的冬季增添了一丝温馨。繁花谢后，矮月桂被绿叶环绕，朴素低调，甚至很难被人们识辨出来。等它结出鲜红色的浆果，它又会令人眼前一亮。但此时请一定避而远之，因为这种植物的所有部分，包括树皮、树叶和浆果，都对人类有毒，它的汁液会刺激人的皮肤。不过，鸟儿们可以放心食用它的浆果。

矮月桂

MEZEREON

225

51 肺草
Pulmonaria, Lungwort,
Pulmonaria officinalis

　　肺草长得太有趣了，它的圆锥形的绿叶上长有很多白色斑点，像是一个个患病的肺，而它的名字就是这样来的。并且，自从中世纪以来，肺草就被用来治疗咳嗽和胸部疾病，看来，肺草这个名字形象而恰当。有人认为和人体的某个部位长得像的植物可以治疗该部位的疾病，这是上帝对人类的暗示。16 世纪初，德国医生莱昂哈特·福克斯首次使用肺草这个名字，后来，卡尔·林奈在为植物命名分类时采纳了这个名字。肺草冬末早春开花，它的花会变色，起初是红色或粉红色，后来变成蓝紫色，这是因为该植物自身含有花青素。一株肺草上时常会同时盛开粉色、淡紫和深紫色的花朵，绚烂多姿。

肺草

PULMONARIA

52 柳龙胆

Swallow-wort Gentian,
Gentiana asclepiadea

　　长而优雅的茎上缀满一片片对生的绿叶，绿叶排列得井然有序；有的茎弯曲成拱形，顶端快要接触地面；一朵朵鲜艳的小蓝花矗立在茎的顶端，柔美雅致。柳龙胆花夏末盛开，一直开进秋天。因其花形像是传捷报的喇叭，柳龙胆又被称为胜利之花，它的花语是"正义"和"胜利"。柳龙胆的学名是"Gentiana asclepiadea"，其中的"Gentiana"用于纪念伊利里亚王国的最后一任国王格恩蒂乌（Gentius，在位时间是 181~168BC），人们认为他首次发现了柳龙胆的药用价值。

柳龙胆

SWALLOW-WORT GENTIAN

53 早花郁金香
Early Tulip, Tulipa praecox

发生在 17 世纪荷兰的"郁金香狂热"被视为世界上最早的经济泡沫事件，经济学家们经常把这个事件当作金融泡沫的经典案例：当某物的价格不断上涨时，不是因为它的内在价值，而是因为购买它的人希望能够再次出售它获利。当年，让荷兰人为之疯狂的主要是晚花郁金香，即有羽毛或者火焰一样纹路的稀有郁金香，而不是早花郁金香。顾名思义，早花郁金香开花较早，冬末和春末盛开。这种植物需要在夏末和秋季种植。早花郁金香色彩艳丽，价格便宜，容易生长，同样赢得了爱花人的喜爱。

早花郁金香

EARLY TULIP

54 大叶虎耳草
Large-leaved Saxifrage, Saxifraga ligulata

我经常在爱丁堡的公共花园、路边的隔离带见到大叶虎耳草，因为这种植物很会照顾自己，是园丁们的宠儿。当其他植物因种种原因变得颓废时，大叶虎耳草总能茁壮成长，它用绿油油的宽阔圆叶，或是一簇簇粉嫩的小花给人带来慰藉。大叶虎耳草有两个有趣的名字：一个是象耳，描述它的叶子像大象的耳朵；一个是猪吱吱，指的是当你把它的叶子叠在一起揉搓时，你会听到像是猪尖叫的声音。大叶虎耳草是一种耐寒的植物，它的绿叶冬季会变成紫红色，它的花期是 3~5 月。它喜欢排水良好、阴凉潮湿的环境，对它而言，苏格兰的气候太合适了。

大叶虎耳草

LARGE-LEAVED SAXIFRAGE

55 斑点死荨麻
Spotted Dead Nettle, Lamium maculatum

　　一个炎热的夏日，我在爱丁堡克拉蒙德海边的一处绿化带中看到很多只绿莹莹的甲虫停落在一片长得像是荨麻的绿色植物上。这些好看的虫子是死荨麻叶甲虫，它们停落的植物是斑点死荨麻。斑点死荨麻和一般荨麻不同，它不具有能释放毒液的刺毛，因而不会蜇人。斑点死荨麻长成荨麻的样子，大概是为了以假乱真，吓走它的敌人。这种植物的茎是四棱形的，叶子呈对生状生长，叶子上布满斑点。斑点死荨麻还有个好听的名字：紫花野芝麻。它晚春开花，花呈粉色、紫色和白色，能够吸引大量蜜蜂，尤其是大黄蜂。斑点死荨麻的茎可以在接触土壤的地方生根，因而蔓延速度很快，非常适合覆盖大面积的裸露土壤。斑点死荨麻虽好看，易生长，但它毕竟是一种入侵植物，种植前请三思。

斑点死荨麻

SPOTTED DEAD NETTLE

56 桔梗
Broad Bellflower, Platycodon grandiflorus

　　我的小花园遇到了麻烦：去年种进去的一株桔梗今年变成了七八丛桔梗，几乎要把其他花挤走。我后来才知道，桔梗繁殖极快，除了能通过种子繁殖，也能借助根茎繁殖。如果你不需要大量桔梗根做泡菜的话，最好不要在花园里种植这种多年生有入侵倾向的植物。

　　不过，我依然喜欢它的美丽和优雅。桔梗又被称为气球花，因为它那圆鼓鼓的花蕾像是胀满气的气球。当气球"爆裂"后，五片花瓣组成的钟形花便闪耀亮相。耀眼的紫色花纷纷绽放，连成一片，像是为绿叶撑起了一把紫色的阳伞。桔梗的花期是7~9月。桔梗的根除了可做泡菜，也可入药，用于止咳祛痰等。

桔梗

BROAD BELLFLOWER

57 橙黄山柳菊
Hawkweed, Hieracium aurantiacum

橙黄山柳菊又叫"魔鬼的画笔""狐狸和它的幼崽"等，前一个名字形容它绚丽的颜色和顽强的生命力，后一个名字描述它开花时的情景：几个花骨朵儿隐藏在已经盛开的花朵的背后，像是几只毛茸茸的狐狸幼崽躲在妈妈身后。橙黄山柳菊的英文名的本义是"鹰草"，据说这个名字是古罗马博物学家老普林尼起的。他认为鹰会吃掉这种植物，以增强视力，所以为它起了这样的名字。橙黄山柳菊的花期是 6~8 月。它的外表和蒲公英很像，并经常被误认为是蒲公英。不过，蒲公英的叶子更宽大，有裂片，叶子上带有不易察觉的细小毛刺，而橙黄山柳菊的叶子没有裂片，叶子上有较明显的短硬毛。橙黄山柳菊也会像蒲公英那样结出白色绒球，风一吹，绒球上的"小伞儿"四处飘散，粘在动物和人身上，从而被带到更远的地方。橙黄山柳菊的种子传播快而远，逸生后容易成为入侵种。在澳大利亚的高山公园，人们甚至用嗅探犬寻找橙黄山柳菊的踪影，然后将它们一网打尽。

橙黄山柳菊

HAWKWEED

亚麻

COMMON FLAX

58 亚麻
Common Flax, Linum usitatissimum

　　如果评选既好看又实用的植物的话，亚麻一定会榜上有名。蓝色的亚麻花清纯优雅，楚楚动人；亚麻籽可以榨油，做成营养保健品，也可用于制作油漆；亚麻茎的纤维可用于制作绳索、渔网，也可用于制成亚麻布。亚麻是吸热和导热性能最强的天然纤维，亚麻面料的衣服透气凉爽，非常适合炎热的夏天。亚麻是人类最早种植驯化的作物之一，特别是到了约公元前5000年的古埃及时期，被广泛栽培。古埃及人喜欢穿亚麻布制作的衣服。直到轧棉机发明之后，亚麻的产量才开始下降。丹麦作家安徒生很喜欢亚麻，他的一篇名叫《亚麻》的童话便讲述了亚麻的一生：亚麻被连根拔起，被纺成布，被撕成烂布片，被剁细，被水煮，变成白纸，被排成书，最后被烧掉，变成火焰，化成灰……但亚麻始终都很快乐，于是，它真的成为世界上最幸福的亚麻。

59 女贞
Privet, Ligustrum vulgare

　　有些植物低调得不为人注意，女贞就是这样一种植物。它四季常青，列植于道路两旁，做庭院的篱笆，成为绿墙。它在为人所用的同时，默默地开花、结果。然而，人们对庭院里的花草侃侃而谈，却时常把"围观"的女贞漏掉。6~8 月，女贞会开出一簇簇丁香似的白色小花，远远望去，像是一袭袭瀑布从绿色屏障上一泻而下，同时，阵阵花香会引来蜜蜂、蝴蝶翩翩起舞。11~12 月，女贞会结出一串串像袖珍的紫葡萄一样诱人的紫黑色的浆果。不过，这些果实是鸟儿们的美食，对人类有剧毒。8 月，如果你留意观察女贞篱笆，很可能会发现停在枝叶上的女贞鹰蛾毛毛虫。它们呈碧绿色，身长七八厘米，像小拇指那么粗，身上两侧各有"七道杠"（每道杠都由白条纹和紫条纹组成），尾部有钩。这种毛毛虫主要以女贞为食物。大自然为女贞打造了专有毛毛虫，好神奇。

女贞

PRIVET

60 毛金丝桃

Hairy St. John's Wort,
Hypericum hirsutum

　　人们对贯叶金丝桃（也就是贯叶连翘，或圣约翰草）耳熟能详，因为贯叶金丝桃的提取物可以缓解情绪低落、焦虑、抑郁等症状，用它制作的保健品圣约翰草胶囊在市中心的保健品店就可以买到。毛金丝桃和贯叶金丝桃的主要区别在于前者的叶子和茎上有毛，茎更柔软，叶子更长，并且毛金丝桃不会在沼泽地里生长。毛金丝桃亭亭玉立，茎少分枝，通常能长到半米到一米高。毛金丝桃和贯叶金丝桃的叶片上都有透明腺点，即突起，这是植物应对外界伤害的一种保护机制，可以避免病虫害和食草动物的啃食。毛金丝桃的花期是5~8月，它通常开淡黄色的花，花丝很长，萼片上覆盖着微小的黑色斑点。

毛金丝桃

HAIRY ST'JOHNS WORT

61 五福花
Tuberous Moschatel, Adoxa
moschatellina

　　五福花又被称为"五面主教""空心根""市政厅的时钟"和"块状乌鸦脚"等，这样的名字是否会把你逗笑？我每次见到五福花都很开心，只见那一枝枝纤弱的茎上探出由五朵绿色小花聚合而成的头状花序，那样子像是凑在一起的五张笑脸。而五福花的羽状三出复叶像是一只只张开的手掌，似乎想迫不及待地鼓掌欢迎八方来客。五福花通常生长在树阴下或者灌木丛中，它很不起眼，靠地表生长，形成地毯般的植被。五福花的学名"Adoxa moschatellina"中的拉丁语"Adoxa"的含义便是谦卑，这倒和它的生长习惯不谋而合。五福花的花期是 3~5 月。这种植物会在傍晚时散发出一股麝香般的气味，于是，也被称为"麝香根"。

五福花

TUBEROUS MOSCHATEL

62 草原车轴草

Hop Trefoil, Trifolium procumbens

草原车轴草的英文名"hop trefoil"中的"hop"指的是蛇麻（又被译为忽布）。蛇麻是一种植物，因其花序可以酿酒，也被称为啤酒花。草原车轴草的花序像是蛇麻的花序，而它的英文名中便含有"蛇麻"这个单词。草原车轴草主要生长在干燥的草地、田野和沙质土壤中。它6~8月开花，开鲜艳的黄花。每个球状花序由20~40朵豌豆花形状的小花组成，小巧别致。草原车轴草的叶为三出复叶，叶子呈长圆形或椭圆形，中间叶的叶柄较长。草原车轴草通常能长到10~30厘米，一般成片生长。花期过后，草原车轴草的黄色小花会变成棕色，但不会凋谢。此时，它们看起来个个都很沮丧，不过，它们也许高兴还来不及呢，因为它们守护的豆荚成熟了！这种植物富含蛋白质，非常适合做饲料。

草原车轴草

HOP TREFOIL

63 绣球藤
Clematis, Clematis montana

看到一墙的绣球藤，我不由得想这
大概就是天堂的样子吧！只见一簇簇
粉白色碗口大小的花密密匝匝，一
泻而下，明媚清秀。我迫不及待
地站在这座花墙下，让朋友按
下快门。绣球藤原产于喜马拉
雅山区，特别耐寒，对它们而
言，苏格兰的阴冷天气再合适
不过了。绣球藤喜欢攀爬，如
果任其生长的话，它可以爬到 10
多米高。它能够适应各种类型的土
壤，而且寿命长，可以存活 50
年甚至更长时间。绣球藤的
花期是 4~6 月。英国的
大部分绣球藤原产自
中国。20 世纪初，
英国植物猎人欧
内斯特·亨利·威
尔逊前往中国采
集新植物品种，又将
更多品种的绣球藤带回英国。

绣球藤

MOUNTAIN CLEMATIS

64 藿香蓟
Ageratum, Ageratum mexicanum

藿香蓟又名"熊耳草""蓬松的脚"和"墨西哥的画笔"等。藿香蓟盛开时，可爱又清新的紫色绒球连成一片，远远望去，像是一团团紫色的云雾。你会不由自主地想要靠近它，摸那绒绒球，摘下几个挂在自己的包包上呢。藿香蓟适合花坛种植，它的花期从7月开始，一直持续到第一次霜冻。藿香蓟的花色有多种颜色，不仅有紫色，也有白色和粉色等。藿香蓟靠着艳丽的花朵吸引了众多的蝴蝶、蜂鸟和蜜蜂，当然，也招来一波又一波的害虫。不过，藿香蓟所向披靡，它经过多年进化，具有一种独特的对付天敌的手段：产生一种类似甲氧普烯的干扰昆虫正常功能的化学物质。比如，一旦介壳虫、蚜虫侵袭它，藿香蓟便会使出这个撒手铜，之后这些害虫们会在这种化学物质的影响下过早地发育成成虫，不能够正常产卵。对藿香蓟来说，让敌人"断子绝孙"不再是恶毒的诅咒，而成了实际行动。

藿香蓟

AGERATUM

65 大岩桐
Gloxinia, Gloxinia speciosa

明媚艳丽的大岩桐花让我想到了
活泼俏皮的喇叭花、雍容华贵的牡丹。
不过，和后两者明显不同的是，大岩
桐植株较小，地上茎很短，通常只能长
到 10~20 厘米，并且它喜欢温暖的生长
环境，是一种适合在室内种植的植物。大
岩桐花的颜色丰富，有红色、白色、粉色、
紫色，甚至还有双色或多色等。当颜色各异
的大岩桐一起盛开时，可谓五颜六色、姹紫
嫣红。大岩桐的花期是 3~9 月，单花可持续
盛开 1~2 个月，若养护得当的话，它在第二
年仍然可以开花。大岩桐原产巴西，由英国
的植物猎人带到英国。1814 年，英国植物学
家艾伦·坎宁安和詹姆斯·博维到巴西收集
植物物种，并将采集到的物种送到邱园，其
中就包括大岩桐。博维在 1815 年 2 月 22 日
的日记中描述了发现大岩桐的情景："这种美
丽的猩红色花朵的植物是在里约热内卢附近
的一座高山的岩石坡上采集到的。"

大岩桐

GLOXINIA

蒲包花

Calceolaria, Calceolaria hybrida

66

大概再没有一种植物能像蒲包花这样令人浮想联翩。它的花形奇特，像是豹纹皮夹，令你忍不住想要从中抽出一张信用卡；又像是一只只蒸好的橘红色的大闸蟹，令你迫不及待地想要揭开它的壳，看看里面的蟹黄多不多；还像是一双双鼓鼓囊囊的棉拖鞋，令你等不及要试穿一下。蒲包花，又叫"女士钱包""拖鞋花"和"荷包花"等。它的花通常呈黄色或橘色，上面点缀着或褐色或紫色的斑点和斑纹，花冠呈二唇状，上唇瓣直立较小，下唇瓣膨大似荷包。蒲包花原产于南美洲安第斯山区，喜欢温和的生长环境，在 15~18 ℃的白天气温和 10~12 ℃的夜间气温下生长良好。通常，植物的花朵会分泌花蜜来吸引蜜蜂等授粉者，但蒲包花并不分泌花蜜，而分泌精油。它用香喷喷的精油来款待授粉者，当授粉者采集精油时，它的头部或背部接触到花蕊，从而沾上花粉，然后，它携带花粉转移到另一朵花。

蒲包花

CALCEOLARIA

67 红口水仙
Poet's Daffodil, Narcissus poeticus

传说，美少年那喀索斯爱上了自己的倒影，并为得到这个倒影溺水而亡。他去世的地方长出很多水仙花，这些水仙花被认为是他的化身。水仙花的种类繁多，很多人想要搞清楚那喀索斯到底变成了哪一种水仙花。一种观点认为，这位自恋的男子变成了拥有一圈红色皱边副花冠的红口水仙。古往今来，诗人们被红口水仙的秀美吸引，写下了无数美丽的诗章，于是，红口水仙又被称为"诗人水仙"。红口水仙原产于中欧，非常耐寒，通常在 4~6 月开花，花期比一般水仙要晚。红口水仙含有生物碱，有毒，因而具有很强的抗病虫害能力。它的花和球茎可以入药，花也可以用来制作香水。

红口水仙

POET'S DAFFODIL

68 天竺葵
Pelargonium, Pelargonium speciosum

这种天竺葵的英文名的词根"pelargos"在拉丁语中的含义是"鹳",因为这种天竺葵的种子荚像是鹳的喙。该属包括 280 多种原产于非洲、大西洋群岛等地的天竺葵。相比之下,另一种被归为"Geranium"属的天竺葵更耐寒。瑞典植物学家卡尔·林奈曾将这两种天竺葵归在一起,但到了 1789 年,法国植物学家夏—路易·莱里捷·德·布吕泰勒将这两个属分开了。"Pelargonium"属的天竺葵有亚灌木、多年生草本植物或一年生草本植物,有些能长到两米多高。"Pelargonium"属天竺葵和"Geranium"属天竺葵的主要区别在于它们的花朵形状。前者上部两片花瓣和下部三片花瓣的颜色和形状明显不同,而后者的五片花瓣是相同的。

天竺葵

PELARGONIUM

69 达尔文小檗

Darwin's Barberry, Berberis darwinii

再也没有比用这个人的名字命名能更直截了当地纪念他的方式了。1835年，英国维多利亚时代的博物学家查尔斯·达尔文乘坐英国皇家贝格尔号军舰前往南美巴塔哥尼亚，他在旅途中发现了这种既优美艳丽又耐寒有用的植物。达尔文小檗原产于智利和阿根廷，是一种常绿灌木，它的叶子呈椭圆形，深绿色带尖刺，枝条也带刺。这种植物通常在2月下旬和3月初开花，一直盛开到5月，若气候温和的话，它的花期可提前到圣诞节前后。达尔文小檗开花时，只见一簇簇橙黄色的花朵缀满枝头，像喷吐的火焰，像燃烧的云霞，似乎让周围都亮堂了起来。达尔文小檗的果实是蓝黑色的浆果。这种浆果可食用，可以做成甜美的果酱。

达尔文小檗

DARWIN'S BARBERRY

244

艾菊

TANSY

70 艾菊
Tansy, Tanacetum vulgare

在美国作家乔治·R.R. 马丁所著的奇幻小说《冰与火之歌》中，莱莎·徒利怀了培提尔的孩子，她的爸爸霍斯特·徒利公爵骗女儿喝下了大量月茶，也就是艾菊茶，故意让女儿流产。现实生活中，月茶是一种真实存在的堕胎药，其成分包括艾菊、薄荷、苦艾、蜂蜜和薄荷油等。艾菊，也就是菊蒿，是一种多年生草本植物，可长到 1.5 米高。艾菊通常在 8~9 月开花，艾菊花盛开时，黄色的头状花序酷似纽扣。艾菊全身都散发着类似樟脑的气味，这种特殊的气味让艾菊派上了更多的用场。在美国历史上，人们曾用艾菊叶包肉，以驱除蚊蝇；在种植蔬菜时搭配种植艾菊，可以让害虫避而远之。艾菊还可以用作天然纺织染料、干花的原料等。

71 天芥菜

Heliotrope, Heliotropium corymbosum

"不见其身，先闻其味"，天芥菜就是这样一种植物。一簇簇或紫色或蓝色的小花堆在深绿色的叶子上，像是开启了通往梦境之国的秘密隧道。这些花散发着甜丝丝的芳香，类似于香草、婴儿爽身粉和葡萄的香味，也许更像是樱桃派的味道，因而天芥菜又被称为"樱桃派"。英国插画师、童书作家西西莉·玛丽·巴克在《天芥菜精灵》中写道："我的名字是天芥菜，为何人们叫我樱桃派，这我也不知道，但他们这样叫我，因为我和他们开玩笑，我身上的香气——哦，快来闻闻吧，就像是好吃的东西呀。"不过，这种植物全身有毒，食用会导致马、猪和牛等动物生病，甚至死亡。

天芥菜

HELIOTROPE

72 水金凤
Touch-me-not, Impatiens noli-me-tangere

水金凤的英文名的含义是"别碰我",这个名字源于水金凤的豆荚成熟后的反应。豆荚成熟后,稍遇外力,它的五个裂片便会从下向上卷起,将种子弹向四面八方,像是机关枪在扫射一样。这个名字似乎在发出警告:我一触即发,别碰我,否则会让你中弹。来年,这些"子弹"会长成新的植株,水金凤就这样扩大自己的地盘。水金凤的学名"Impatiens noli-me-tangere"的意思是"不耐烦"或"不允许",以及"不要碰我",描述的也是水金凤的暴脾气呢。水金凤的花期是7~9月。它的花呈黄色,悬在绿叶之间,婀娜轻盈,像是一只只闯入绿色世界的小凤鸟,又像是一顶顶童话故事里的小精灵的帽子。

水金凤

TOUCH-ME-NOT

73 欧石楠
Cross-leaved Heath, Erica tetralix

　　欧石楠和帚石楠都属于杜鹃花目，但两者属于不同的属。两者的主要区别是帚石楠的花萼裂片遮盖着花瓣，而欧石楠的花瓣则遮盖着萼片。欧石楠的花通常为粉色，又小又多，它们像是一串串迷你的小铃铛，挂在茎的末端，随风摇曳，又像是一群群身穿粉色蓬蓬裙的小女孩在翩翩起舞。欧石楠的叶子比较细小，四季常绿。它比较耐寒，喜欢阴凉湿润的环境，经常生长在沼泽、湿漉漉的荒地和潮湿的针叶林中。欧石楠通常在 6~9 月开花，会吸引蜜蜂、飞蛾等众多昆虫。欧石楠、轮叶欧石楠和帚石楠都是打造野生花园的理想植物。我不由得畅想，在一个阳光明媚的夏日午后，坐到一片欧石楠花边，欣赏蜜蜂从一朵花上飞到另一朵花上。

欧石楠

CROSS-LEAVED HEATH

矮马先蒿

Lesser Red Rattle, Pedicularis sylvatica

从名字便可以看出，这是一种植株较矮的马先蒿，也就是说，还有一种植株较高的马先蒿。大概因为个头小，矮马先蒿经常被人们忽略。矮马先蒿喜欢湿润的环境，通常生长在潮湿的牧场和沼泽地里。它在地面上匍匐生长，茎基部具有很多分枝。矮马先蒿通常在 4~8 月开花。矮马先蒿花盛开时，只见一枝枝粉紫色、娇艳欲滴的小花拔地而起，它们的花冠形状怪异，像一个个微张的嘴唇，又像一群在植株上空飞舞的粉紫色的精灵。矮马先蒿的种子成熟时，花萼内的蒴果膨胀，会发出一阵阵的嘎嘎声，它的英文名"红色嘎嘎声"(red-rattle) 便是这样来的。相传，羊若摄入这种植物会生病并受到寄生虫的侵扰，因而矮马先蒿又被称为"虱子草"。矮马先蒿的学名"Pedicularis"也和虱子有关，因为这个词的词根"pediculus"指的就是虱子。矮马先蒿对人类大有裨益，它用自己的踪影表明哪里是沼泽地，哪片牧草需要农夫的额外关照。

矮马先蒿

LESSER RED RATTLE

75 水玄参
Water Figwort, Scrophularia aquatica

水玄参通常生长在淡水湖边，
比如湖泊、运河和水库边。水玄参
有红色的方形茎和对称生长的尖齿
叶。它的花呈红褐色，从6月开到
9月。这些小花个个都有五片花瓣，
并且花形独特。顶部两片花瓣较大，
像是棒球帽的防护罩，其余三片花
瓣较小。顶部花瓣下端探出一个桨
形物，即不育雄蕊，这个雄蕊也是
一个退化雄蕊。靠近花朵下唇的地
方有四个可育雄蕊。整个花头看起
来像是一张血盆大口，而四个雄蕊
又像是四颗牙齿。如此奇形怪状的
花令整株植物看上去不可思议。水
玄参浑身散发着一种不讨人喜欢的
气味，这种气味让人和动物都对它
避而远之。不过，它却是大黄蜂的
最爱，也为很多水生昆虫，比如石
蛾和鱼蛉提供了休息的场所。

水玄参

WATER FIGWORT

76 沼泽蓟
Marsh Thistle, Cnicus palustris

英国有不同的蓟花，其中长得最高的蓟花是沼泽蓟。这种植物通常会长到 2 米高。沼泽蓟喜欢在沼泽地或潮湿的草地里生长，有时在田野边和沟渠中也可以看到它的踪影。它通常在 7~9 月开花。沼泽蓟花即将盛开时，带刺的花骨朵儿挤在一起，像是抱在一起取暖的小刺猬；沼泽蓟花盛开时，一堆紫色小花紧紧凑在一起，像是一个花球。

沼泽蓟花是昆虫们的大爱，每年至少有 80 多种蜜蜂、蝴蝶等昆虫来光顾它。沼泽蓟也热情待客，为授粉者提供了丰富的花蜜。据统计，在花蜜产量排名前十的植物中，沼泽蓟排名第一。沼泽蓟的叶片狭长带刺，茎秆也多刺。匪夷所思的是，马和牛很喜欢吃这种植物。这些牲口可以翘着嘴唇巧妙地将沼泽蓟花的花头摘下，而不会被它的硬刺扎到。许多蝴蝶幼虫也以沼泽蓟为食。

沼泽蓟

MARSH THISTLE

小地榆

Salad Burnet, Poterium sanguisorba

从小地榆的英文名便可得知，这种植物是一种美食。小地榆的嫩叶可以用来做沙拉，或做成调味酱汁。小地榆的叶子被碾碎后，会散发出黄瓜的气味。除了能为人类贡献美食，小地榆也是白边点弄蝶的"家"。白边点弄蝶喜欢在小地榆上产卵，让后代尽情享用小地榆的叶子。小地榆的叶子由 10 多对圆形带齿的小叶组成。它的花期是 5~9 月。小地榆花盛开时，茎的顶端会生出一个绿色球形花序，球形花序的上部花为雌性花，下部花为雄性花，中间的花是两性花。花瓣退化，看起来像是花萼，而从花中探出来的丝丝下垂的雄蕊，像是仙女头上戴的串串珠饰。小地榆可止血，也可缓解腹泻。

小地榆

SALAD BURNET

78 欧洲木莓
Dewberry, Rubus caesius

8月，我在山谷或河边散步时，经常会看到一种结着像是黑莓的果实的植物，这种植物是黑莓的近亲欧洲木莓，也就是悬钩子。欧洲木莓和黑莓很像，都是带有聚合果的灌木，不过，两者的区别也很明显。黑莓通常直立生长，而欧洲木莓沿地面生长；欧洲木莓的茎透着灰白色，比黑莓的茎更纤细脆弱；欧洲木莓的刺不如黑莓的刺强硬，而有些欧洲木莓并没有刺；欧洲木莓的花比黑莓的花大，但花的数量更少；欧洲木莓的果实较小，而黑莓的果实较大。欧洲木莓的果实也会令人想到覆盆子，但它是紫色或黑色的，而不是红色的。欧洲木莓通常在6~7月开花，它的果实可以生吃，也可以制作成果酱，据说味道比黑莓好。我再见到欧洲木莓的果实时，一定要大饱口福。

欧洲木莓

DEWBERRY

79 紫景天
Orpine, Sedum telephium

　　紫景天是一种原产于欧亚大陆的景天
科多年生地被植物，又被称为"青蛙胃""永
生花""长命花"和"巫婆的钱袋"等。紫
景天很耐旱，肥厚的叶子和块根都可以储存
水分。紫景天通常在 7~9 月开花。紫景天
花盛开时，只见很多小花密密麻麻地聚集在
茎顶，形成平整宽大的花序，这些花序通常
呈紫粉色或淡黄色，远远望去，如霞似雾，
如梦似幻。到了冬天，这种植物会枯萎，但
它的茎依然保持直立。从初冬开始，它就借
助风传播种子。紫景天的花很招蜜蜂喜欢，
濒危蝴蝶阿波罗绢蝶和珞灰蝶幼虫也以紫
景天为主要食物来源。据记载，罗马人曾用
紫景天治疗伤口。传说，紫景天可以占卜爱
情：在即将举办婚礼的屋子里悬挂两株紫景
天，如果它们都朝对方生长，这表明他们会
幸福，但如果它们朝不同的方向生长，这就
预示他们两人未来会有麻烦。

紫景天

ORPINE

80 红花琉璃草

Hound's Tongue, Cynoglossum officinale

红花琉璃草的英文名是"猎狗舌"，这大概因为红花琉璃草的叶子的形状和质地都像极了猎狗的舌头。不仅如此，据说，如果你把红花琉璃草的叶子放在脚下，狗就不会朝你汪汪大叫了。那么，它可真是怕狗者的护身符。不过，这种植物全身散发着一股难闻的气味，有人说这种气味像是烤花生的味儿，也有人说像是死老鼠的味儿。红花琉璃草通常在干燥的草地和树林边缘生长，喜欢沙滩、砾石或石灰性土壤。红花琉璃草有毒，所以动物不会啃食它，但它的毒性在各种飞蛾和树皮甲虫面前却失了效。红花琉璃草通常在 6~8 月开花，花呈酒红色，每朵花都会结出四个带刺的小坚果。

红花琉璃草

HOUND'S TONGUE

81 野胡萝卜
Carrot, Daucus carota

　　我家附近的小树林边长有一片片的野胡萝卜，每年5~7月，野胡萝卜花盛开时，那些由花簇组成的"蕾丝阳伞"都会令我着迷。野胡萝卜花除了像阳伞，也像夜空中绽放的烟花，像万花筒里的奇幻世界。花开时，它温婉美丽，轻盈地随风摇曳；花枯萎时，它的小伞却并没有凋谢，而是变成"鸟巢"护着它的种子。野胡萝卜花通常生长在路边、旷野和田间，又被称为"安妮女王的蕾丝"。这个名字源于18世纪初英国的安妮女王。相传，安妮女王在绣蕾丝花边时不小心扎破了手指，在花边上留下了一滴血，而野胡萝卜花中间恰好就有一朵小红花，人们想象那是女王的血。鲜为人知的是，野胡萝卜是我们今天食用的胡萝卜的祖先。它的花可以生吃，也可以裹上面糊油炸，叶子可以用来做沙拉，种子可用于做面包、汤或炖菜等。野胡萝卜的根有股强烈的胡萝卜味儿，但因含有过多的纤维，并不适合食用。要特别注意的是，野胡萝卜和剧毒植物毒芹长得很像，千万不要将毒芹当作野胡萝卜食用。

野胡萝卜

CARROT

82 高毛茛
Upright Meadow Crowfoot,
Ranunculus acris

高毛茛是一种又高又优雅的毛茛科植物，它的植株较高，有时候能长到 90 厘米。高毛茛通常生长在田边或路边的湿草地上。它的花期是 4～10 月，它开着五瓣小黄花，花的样式再普通不过，大概因此，它经常被人视而不见。大多数毛茛科植物具有刺激性，高毛茛也不例外。据说，手一触碰到这种植物便会发炎。瑞典植物学家卡尔·林奈指出：羊会吃高毛茛，而牛、马和猪通常不会吃它，但是，如果牛饥不择食，不慎吃了高毛茛，那它的嘴里一定会起泡。高毛茛被制成干草后便不再具有刺激性，可以做饲料，但缺少营养。高毛茛的叶子的汁液可以除疣，也可以制成缓解头疼的膏药。

高毛茛

UPRIGHT MEADOW CROWFOOT

83 长叶车前
Lamb's Tongue, Plantago
lanceolata

　　英国的小朋友们经常会玩一种名叫
"打马栗"的游戏:两名游戏者拿着马栗,即
七叶树的果实,互相敲击,谁先把对方手中的
马栗敲碎,谁就获胜。如果没有马栗,小朋友
们就用长叶车前代替。他们拎起长叶车前带花
的茎,对敲,看谁的花头先从茎上掉下来。长
叶车前的茎纤细却结实,将椭圆形的穗状花序
高高托起。长叶车前通常在 4~10 月开花,它
的花盛开时,白色花蕊从花序四周探出,让一
个个花序看起来像是一个个拨浪鼓。长叶车前
的基部形成一个莲座状叶丛,整株植物可以长
到 25 厘米左右。它的长矛形的叶子像羊舌头,
它的英文名"羊舌头"大概因此而来。秋天,
长叶车前的穗状花序会逐渐变成褐色,同时结
出种子。许多昆虫、鸟甚至羊都喜欢吃长叶车
前,但奇怪的是,蛞蝓和蜗牛却很嫌弃它。

长叶车前

LAMB'S TONGUE

84 红豆草
Sainfoin, Onobrychis sativa

红豆草是豆科红豆草属多年生草本植物，又被称为"上帝的干草"。红豆草花通常从 6 月一直开到 9 月，花盛开时，只见一片粉色花海随风起伏，千娇百媚，吸引了大量蜜蜂和蝴蝶。红豆草花的形状和豌豆花很像，都是由几十朵小花密集成穗状总状花序，看上去优雅娇嫩。红豆草有直立无毛的空心茎，并有 6~12 对互生的羽状叶。它喜欢在干燥的草地和石灰土壤中生长。在英国，因为红豆草的营养丰富，蛋白质含量高，从 17 世纪起，它就被当作饲料广泛种植。并且，这种饲料能够有效防止牲畜感染寄生虫，还可以让牲畜尽量少地产生甲烷——比如牛打嗝和放屁都会产生甲烷，而甲烷会导致温室效应。红豆草的根系强大，主根粗壮，可以深入泥土，能从深土中吸取养分。这样的根系具有巨大的固氮作用，可以增加土壤中的氮素。在轮作中，红豆草是种植谷物或芸苔属植物之前理想的前茬作物。

红豆草

SAINFOIN

85 臭威利
Ragwort, Senecio jacobaea

　　这种植物的叶子会散发出一股难闻的气味，因而得名。臭威利在 7~9 月开花，会绽放出样子像是小菊花的黄色小花。它的果实长有一丛白色的绒毛，像是蒲公英的果实。农夫和养马人对臭威利深恶痛绝，因为这种植物含有大量生物碱，会毒害牛和马的肝脏。人若误食臭威利，会中毒。臭威利可谓法力无边，即使被晒干也仍然保有毒性。不过，这种植物对维护生态平衡起到了重要作用，因为它产生大量花蜜，养活了众多传粉者。在英国，臭威利至少为 77 种昆虫提供了家园和食物，其中约有 30 多种昆虫只以它为主食。臭威利具有强大的繁殖力，每株每季可产出 10 多万颗种子，并且，它的种子容易扩散。传说，马恩岛王国的奥利国王曾选择臭威利作为自己王国的象征，因为它的 12 片花瓣正好可以代表马恩岛王国辖内的 12 个岛屿，但实际上，臭威利通常有 13 片花瓣，而不是 12 片花瓣。民间传说，臭威利可以避免被传染上疾病，于是，一些人会拿着它去看望传染病病人。

臭威利

RAGWORT

86 聚花风铃草
Clustered Bellflower, Campanula glomerata

人们经常将某些野花和坟墓联系在一起，认为它们是从死者的遗骸中生长出来的，聚花风铃草便是这样一种植物。在英国剑桥郡，聚花风铃草被称为"丹血植物"，坊间传闻它那透着红色的茎上沾有埋在地下的北欧人的血。聚花风铃草通常在 6~9 月开花。花盛开时，只见一朵朵紫色花聚集成一个个头状花序，像是一个个人工扎起来的紫色花球，壮观而明媚。那耀眼的紫色令人恍惚迷思，仿佛步入一场梦境。这些花生于茎中上部的叶腋间，一般能持续盛开 2~3 周。有趣的是，聚花风铃草喜欢稍贫瘠的土壤，无法适应肥沃的土壤。这种植物可入药，它清热解毒，曾被用于治疗咽喉炎、头痛等。

聚花风铃草

CLUSTERED BELLFLOWER

87 黄花柳
Sallow, Salix caprea

　　春风徐徐，黄花柳挥舞着它那长满毛
茸茸小球的枝干在向路人招手。这些小球
软软糯糯，像是刚孵出来的小鸡，
又像是猫尾巴，其实它们是黄花
柳的雄花序。黄花柳先开花后
长叶，通常在 4~6 月开花。黄
花柳的树皮呈灰褐色，随着年龄
的增长树干上会出现菱形裂缝。
树枝表面起初多毛，但会变得越来
越光滑。黄花柳的寿命比较长，有可
能活 300 多年，并能长到 10 米高。很多
昆虫喜欢黄花柳，其中包括神秘的紫色帝王蝶。
黄花柳又被称为山羊柳，而它的学名中的拉丁
语"caprea"的意思就是"山羊"。这个名字大
概源于一幅画。1546 年，德国植物学家希罗尼
默斯·鲍克为黄花柳画了有据可查的第一幅画：
山羊正在吃黄花柳的叶子，于是，山羊柳的名
字由此而来。历史上，黄花柳也确实曾是山羊
的主要食物来源。

黄花柳

SALLOW

88 欧洲山萝卜
Field Scabious, Knautia arvensis

柔软纤细的茎撑起淡紫色的花朵，花朵左顾右盼，楚楚动人。这些花朵实际上是头状花序，每个头状花序都包括上百朵小花，每朵小花都有四个雄蕊和一个长柱头。欧洲山萝卜通常在7~9月开花，并且能够连续不断地开花，可开出50多朵花。它的茎粗糙多毛，质地类似于结痂的皮肤。根据药效形象说，即草药师认为和身体某个部位形状相似的植物能够治疗这个部位的疾病，那么，欧洲山萝卜大概可以用来治疗皮肤病。巧合的是，历史上，这种植物正是治疗疥疮、疥癣和瘙痒的草药。并且，用它提取的汁液也曾被用来缓解瘟疫疮。蜜蜂和蝴蝶非常喜欢欧洲山萝卜花。欧洲山萝卜花也经常被用于插花。

欧洲山萝卜

FIELD SCABIOUS

89 苔景天
Stonecrop, Sedum acre

我对苔景天再熟悉不过了，它就长在我家后院墙根儿鹅卵石地面的间隙之间，长得铺天盖地，把鹅卵石遮得严严实实。苔景天又名"围墙胡椒"，经常生长在荒芜的古宅、墙顶和假山上。它生命力顽强，随遇而安。它的根，它的茎，它的任何部分似乎都能轻而易举地存活下来，它仿佛是植物世界里的"打不死的小强"。不过，苔景天并没有很深的根系，而只是浅埋于土壤中。它在阳光充足的地方茁壮成长，长出满满的绿色。它的叶子胖嘟嘟的，圆润可爱。苔景天通常在5~7月开花，开出成簇的黄色五瓣或六瓣的星型小花，开得浩浩荡荡，将一地绿屏变成了一地黄屏。苔景天的小叶干燥后有股胡椒般的辣味，可做调味品。新鲜的苔景天能消炎，可以促进伤口的愈合。

苔景天

STONECROP OR WALL PEPPER

90 海石竹
Thrift, Armeria maritima

此时，我的小花园里种有一丛海石竹。只见浓密的细长绿叶抱成一团，像是一个绿色的球，给萧条的冬季增加了一些明媚的色调。海石竹是一种多年生常绿植物，通常生长在悬崖和海边。它喜欢凉爽的天气，也很耐寒，可忍受零下 20℃的温度。它的植株低矮，一般只有 20 厘米～30 厘米高。

海石竹具有抵御盐雾的能力，这意味着它在受海水盐雾影响的区域里也可以正常生长。海石竹通常在 5~9 月开花。海石竹花盛开时，只见一枝枝花梗从叶丛中抽出，生出一个个或粉红色或紫色的花球。这些花球是由许多小花聚集而成的头状花序，圆圆滚滚，俏皮可爱，又像是被涂了色的小马蜂窝，我不由得怀疑是不是每朵小花里都藏着一只小蜜蜂呢。

海石竹

THRIFT

91 白玉草
Bladder Campion, Silene inflata

我把它称作"大肚子花"，因为它有个胖
乎乎的囊状花萼，整朵花看起来像是个挺着
大肚子的武将，又像是个有着啤酒肚、水桶
腰的中年男子。不过，这个囊上面有许多像
血管一样的脉络，因而它更像是个膀胱，这
大概也是它的英文名中含有"膀
胱"的原因。白玉草喜欢海洋
性气候，耐受海水盐雾，通常
生长在阳光充足的裸露地方。
它 5~9 月开花，白色的花
瓣有很深的裂口，整朵
花散发着淡淡的丁香味
儿。白玉草的嫩芽和叶
子可以吃。它的嫩叶很
甜，非常适合做沙拉，而
嫩芽煮熟后，味道类似青
豆，但略带苦味。白玉草也
可用于做润肤剂、治疗眼睛
发炎等。

白玉草

BLADDER CAMPION

92 兜兰
Lady's Slipper, Cypripedium longifolium

我喜欢兰花，一年四季都会养兰花，但兜兰却是我养不起的兰花。兜兰的花朵包含一个深囊状的唇瓣，这个唇瓣看起来像是一只女式拖鞋，所以兜兰又被称为"女士拖鞋"。现代生物学之父查尔斯·达尔文热衷研究兰花，他在著作《物种起源》中指出：兰花借助各种各样的装置传授花粉，而兜兰的"拖鞋"便是其中的一种装置。兜兰先用退化雄蕊中间的亮黄色瘤状突起吸引昆虫，然后等来访的昆虫失足滑进"拖鞋"。昆虫掉进陷阱后，出逃的路线是兜兰精心"设计"好的。当昆虫一路跌跌撞撞重获自由时，殊不知它的背部早已触碰到兜兰的柱头和花粉，不知不觉地替它完成了传粉的任务。在英国，有一种当地的兜兰原本是一种很普遍的植物，但到了 20 世纪末，它几乎从英国消失。英国 1975 年颁布了《野生动物和野生植物保护法》，将这种兜兰列为受保护的物种。近些年，将兜兰重新引进到英国的计划正如火如荼地开展。兜兰在英国非常昂贵，一株甚至可以卖到 5000 英镑。2010 年，英国兰开夏郡一高尔夫球场的兜兰进入了花期，为了确保珍贵的兰花不被偷走，当地政府派警察守护它。上海辰山植物园的刘夙先生指出，图中兜兰的品种为"长叶美洲兜兰"。

兜兰

LADY'S SLIPPER

93 重瓣报春花
Double Primrose, Primula vulgaris

报春花盛开，春天来了。报春花学名中的
"Primula"的含义是首要的、最初的，指的是
这种植物在冰雪消融后就第一个盛开。报
春花的品种众多，色彩斑斓。它通常从
12月盛开，一直到到第二年的5月。无
论单瓣报春花，还是重瓣报春花，都
是英国街头巷尾常见的植物。这种植
物不仅好看，还有药用价值。根据英
国都铎王朝草药学家尼可拉斯·卡尔培
柏和约翰·杰勒德的说法，报春花可用于
治疗关节炎、失眠和头痛等疾病。杰勒
德在他1597年出版的草药书中，推荐
用报春花治疗情绪暴躁。莎士比亚对
报春花情有独钟，在作品中多次提到
过它，他常用报春花象征年轻女子的
死亡。华兹华斯也写下了关于报春花
的诗篇《岩石上的报春花》。苏格兰有很
多关于报春花的传说：如果你想要见到仙
女，那就需要先吃一朵报春花，再就是把报
春花放在家门口，可以让仙女保佑家人平安等。
如此一来，苏格兰人将报春花称为"仙女杯"
也就不足为奇了。除此之外，凯尔特人相信报
春花可以抵御邪恶的灵魂。和单瓣报春花相比，
重瓣报春花开得更旺盛，花期也更长。这种植
物喜欢通风，喜欢湿润的土壤。

重瓣报春花

DOUBLE PRIMROSE

94 重瓣高毛茛
Double Buttercup, Ranunculus acris

6~7月，一枝枝玫瑰状的黄色花在阳光下微笑，明媚而耀眼。它们的椭圆形的花瓣向外平铺，整整齐齐地围了一圈又一圈。重瓣高毛茛是一种多年生直立草本植物，它的叶子呈掌状分裂状，花茎和叶子上都有细长的毛。和其他毛茛科植物不同的是，重瓣高毛茛不会通过纤匐枝在地上蔓延，并且更容易成丛生长，因此更适合花园种植。重瓣高毛茛喜欢在草地和牧场生长，喜欢潮湿的环境。重瓣高毛茛曾获得过英国皇家园艺协会颁发的"花园价值奖"。

重瓣高毛茛

DOUBLE BUTTERCUP

95 葡萄风信子
Grape Hyacinth, Muscari botryoides

　　它像葡萄，又像风信子，所以就是葡萄风信子啦！葡萄风信子的植株小巧玲珑，只见一丛丛细长的绿叶衬托着一串串恬静优雅的"小葡萄"，楚楚可人。像大多数风信子一样，葡萄风信子也自带香味，不过，它的香味并不浓烈，只是淡淡的清香。葡萄风信子有球茎状的根，根的数量每年都会增加，于是，更多植株破土而出，葡萄风信子便通过这种方式占据更多的地盘。据说，只要葡萄风信子的根不腐烂，不管在什么样的土壤里，它都能够发芽。大概因为这个原因，这种植物有时被用作林下地被。葡萄风信子通常在 3~5月开花，葡萄风信子花盛开时，种满葡萄风信子的林间像是有一条蓝色的河流过。

葡萄风信子

GRAPE HYACINTH

96 黄花耧斗菜

Yellow Columbine, Aquilegia leptoceras

黄花耧斗菜的花朵造型独特，如展翅翱翔的鸟，它学名中的拉丁语"Aquilegia"的含义正是"鹫鸟"，而其英文名中的"Columbine"的本义是"像鸽子一样"，也表明这种植物像鸟。黄花耧斗菜原产于美国西南部的新墨西哥州和亚利桑那州，是一种多年生草本植物。这种植物很耐旱，适合养在有阴凉的地方。它之所以被中国的植物学家称为"黄花耧斗菜"，一是因为它开黄花，二是因为它由花萼和花瓣相互交错构成的花冠像中国古代的播种农具耧斗。黄花耧斗菜的花期是5~7月，花开时节，只见五枚花瓣基部向后延伸突起，形成一个管状花距，且花距末端呈现出不同程度的卷曲。这些花距里含有花蜜，花距的形状是为传粉昆虫量身打造的。并且，在世界不同地区，耧斗菜为适应当地特有的传粉昆虫进化出了不同的花距。

黄花耧斗菜

YELLOW COLUMBINE

271

97 欧洲山芥
Yellow Rocket, Barbarea vulgaris

通常，欧洲山芥被人们视为杂草。人们经常可以在英国的田野里和路边的荒地里看到欧洲山芥，欧洲山芥的学名中的"vulgaris"的含义便是"寻常的"。欧洲山芥有一根或多根茎，从春季开始生长，可以长到 20~80 厘米高。新生的欧洲山芥的叶子呈深绿色、有光泽，但到了冬天，这些叶子可能会变成淡紫色。欧洲山芥在 4~7 月开花，开成簇的小黄花。这朵花有四片花瓣，通常呈十字形。这种植物看起来和油菜花十分像，很容易被误认为是油菜花。欧洲山芥又被称为"圣芭芭拉药草"，这个名字来源于一位名叫芭芭拉的圣人。圣芭芭拉是炮兵和矿工的守护神，而欧洲山芥曾被用于缓解火药伤，圣芭芭拉药草因此得名。这种植物可食用，也可药用。相关研究表明，欧洲山芥抗寒，种子产量高，它有可能成为一种新的油料作物。

欧洲山芥

YELLOW ROCKET

98 猪殃殃
Goose Grass, Galium aparine

我在通往海边的杂草丛里看到了带刺毛的绿色小球球，马上被它们萌到了。它们是猪殃殃的果实，看上去像是长错了地方的仙人球，又像是某种带刺的小动物。猪殃殃这个名字令人浮想联翩，有人解释，因为猪吃了这种植物会生病，会嗷嗷叫，猪殃殃故得此名。猪殃殃的茎叶和果实上都有小刺，所以它又被称为"拉拉藤"或"锯锯藤"。猪殃殃的果实很容易黏在人们的衣服上和动物的皮毛上，因此它又被称为"黏人的威利"。很多苏格兰人对猪殃殃耳熟能详，因为他们小时候都玩过一种叫"流血的舌头"的游戏，即骗小伙伴把猪殃殃放进嘴中，然后迅速将它抽出来，结果可想而知。猪殃殃通常在4月开花，开一种白色的小花。很久以前，人们会把猪殃殃的叶子晒干，用来装床垫。猪殃殃的叶和茎可以用来做汤或炖菜，猪殃殃的种子可以做成咖啡。这种植物也有药用价值，比如清热解毒、治疗疮疖痈肿等。

猪殃殃

COOSE CRASS

99 西番莲
Passion Flower, Passiflora caerulea

西番莲的大花朵吸引了我。这些花朵有碗口大小，颜色奇异，看上去像是彩绘大盘子，又像是布老虎的大眼睛。西番莲是一种多年生草本植物，原产于南美洲地区，也是巴拉圭的国花。这种植物很耐寒，在适宜的气候中可以保持常绿，它通常在7~9月开花。西番莲长有艳丽的细丝状副花冠，并靠这些副花冠吸引昆虫。它的果实成熟后会从绿色变成黄色或深橙色。西番莲于17世纪被介绍到英国，当时，它的果实和花一样，主要起装饰作用。但实际上，它的果实可以食用，但这种果实需要大量酒和糖为其调味，人们很怀疑这种吃法是否有利于健康。西番莲的英文名的含义是"热情之花"，据说，这个名字的由来和宗教有关。当年，南美洲的占领者是虔诚的基督教徒，他们在西番莲中看到了"耶稣受难图"：五根雄蕊象征荆棘冠，三个棒棒状的花柱头像是把耶稣钉在十字架上的钉子等。因此，花名中的"热情"指的是"耶稣为世人受难的热情"。

西番莲

PASSION FLOWER

大蔓樱草
Catchfly, Silene pendula

对维多利亚时代的人来说，大蔓樱草有着特殊的含义。一束粉红色的大蔓樱草花象征着温柔的爱情，但有时也象征着圈套。大蔓樱草能长到半米高，开一簇簇或红色或粉红色的花朵，每朵小花有五片花瓣。花朵小巧玲珑，萼筒肥大，里面有黏性物质。大蔓樱草是石竹科蝇子草属植物，它的学名是瑞典植物学家卡尔·林奈为它起的，其中的拉丁语"Silene"源自古希腊神西勒努斯，西勒努斯是酒神狄奥尼索斯的导师。这位大神时刻拿着高脚酒杯，总是一副醉醺醺的模样，而大蔓樱草除了萼筒内有黏性物质，茎上也有黏性物质，且茎受损后会渗出白色黏稠的汁液，这都像极了大神贪杯的样子。于是，用大神的名字为它命名，再形象不过了。这些黏性物质和汁液会诱捕到小昆虫，大蔓樱草的英文名"捕蝇草"也由此而来。大蔓樱草春天开花，一直开到早秋，通常开红色、粉色或白色花。

大蔓樱草

CATCHFLY

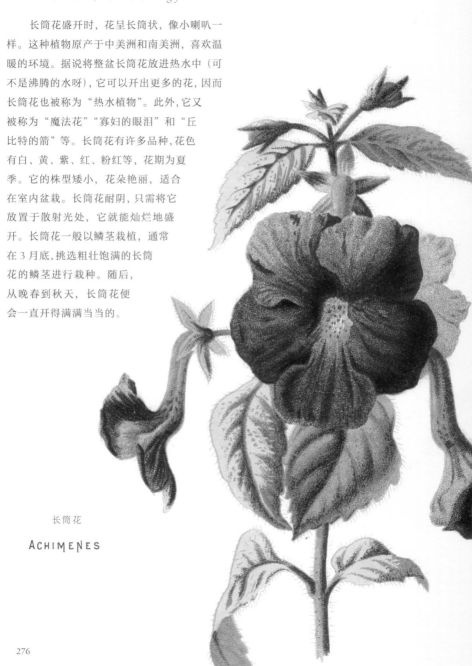

101 长筒花
Achimenes, Achimenes longiflora

长筒花盛开时，花呈长筒状，像小喇叭一样。这种植物原产于中美洲和南美洲，喜欢温暖的环境。据说将整盆长筒花放进热水中（可不是沸腾的水呀），它可以开出更多的花，因而长筒花也被称为"热水植物"。此外，它又被称为"魔法花""寡妇的眼泪"和"丘比特的箭"等。长筒花有许多品种，花色有白、黄、紫、红、粉红等，花期为夏季。它的株型矮小，花朵艳丽，适合在室内盆栽。长筒花耐阴，只需将它放置于散射光处，它就能灿烂地盛开。长筒花一般以鳞茎栽植，通常在 3 月底，挑选粗壮饱满的长筒花的鳞茎进行栽种。随后，从晚春到秋天，长筒花便会一直开得满满当当的。

长筒花

ACHIMENES

102 仙客来
Persian Cyclamen, Cyclamen persicum

我小时候就知道仙客来，并被它的名字吸引。仙客来的花朵拔地而起，居绿叶之上，像一团熊熊燃烧的火焰，又像是一群凌云驾雾、轻歌曼舞的仙女。仙客来属多年生草本植物，原产于土耳其中南部、黎巴嫩、叙利亚和巴勒斯坦境内的高山上。它的花茎和新芽都从块茎中生发出来。它的叶子呈心形、卵形或肾形，上面有各种各样的图案，令人不禁慨叹大自然才是最具想象力的画师。被细长的花梗托起来的花朵似乎在下垂，花瓣却使劲地向上弯曲，像是竖起来的兔子耳朵。仙客来耐寒，喜欢凉爽阴冷的环境，但温度也不能太低，0℃是它所能容忍的极限。仙客来通常在冬天开花，花期从 12 月到第二年的 5 月。在英国，仙客来也被称为"母猪面包"，因为猪吃了仙客来后，猪肉的味道会更鲜美，于是，人们便用仙客来喂猪。由于仙客来耐寒耐阴，生命力顽强，它被视为深爱的象征，人们经常用仙客来表达爱意。

仙客来

PERSIAN CYCLAMEN

103 威尔士罂粟
Mountain Poppy, Meconopsis cambrica

纤细的花茎，薄如丝绸的花瓣，第一眼看上去，它
像是黄色的罂粟花，然而，它并不是真正意义
上的罂粟花，而是绿绒蒿属植物成员，也
就是一种长得像是罂粟花的植物。绿绒
蒿属植物和罂粟属植物的主要区
别是：罂粟属植物仅有花
盘状柱头、无花柱，而绿
绒蒿属植物有明显的短
花柱。这也是后来植物
学家将其单独列出来作
为一个属的原因。除了原
产于英国和西欧的威尔士罂
粟，世界上其余 40 多种绿绒
蒿均分布于中国喜马拉雅山和
横断山脉。绿绒蒿生长在高山
之上，被誉为"高山牡丹"。爱丁
堡皇家植物园种有大量来自喜马拉
雅山的蓝色绿绒蒿，每年 6 月，这些美艳
的绿绒蒿如约盛开，非常壮观。威尔士罂粟通常在
5~7 月开花，开黄色或橙色花，花有四片花瓣。它
喜欢潮湿阴凉的环境，并经常在岩石或石头的夹缝
中安家落户。稍加留意，你就会在城市
的石头路上或墙边看到它呢。

威尔士罂粟

MOUNTAIN POPPY

104 牛舌樱草
Oxlip, Primula elatior

牛舌樱草和黄花九轮草都是报春花科报春花属植物，这两种植物长得像极了，但又有明显的区别：牛舌樱草的花朵呈淡黄色，花朝向同一个方向，花形不太像铃铛，而黄花九轮草的花朵呈鲜艳的黄色，花朝向四面八方，花形似铃铛。并且，两者的叶子形状也不一样，牛舌樱草的叶片中部最宽，而黄花九轮草的叶片底部最宽。当然，还有一种花朵呈淡黄色、花朝向四方、模样介于两者之间的植物，它是牛舌樱草和黄花九轮草的杂交品种，被称为"假牛舌樱草"。牛舌樱草的学名中，拉丁语"elatior"的意思是"更高"，而其英文名中"oxlip"的意思是"牛唇"，描述的是人们可以在养牛的牧场里找到牛舌樱草。牛舌樱草喜欢生长在潮湿的树林里，喜欢贫瘠和富含钙的土壤。牛舌樱草通常在 5~6 月开花。历史上，它曾被用于治疗咳嗽和风湿病。

牛舌樱草

OXLIP

105 喜林草
Nemophila, Nemophila insignis

　　五片花瓣的小蓝花凌空而起，如同翩翩起舞的蓝衣少女，又如同一双双明亮的眼睛。喜林草原产于加利福尼亚，1825~1827 年，苏格兰植物猎人大卫·道格拉斯前往美国哥伦比亚河流域和加利福尼亚州采集新植物品种，最先把喜林草带到英国。喜林草学名中的"Nemophila"的含义是"热爱林地"，表明它喜欢在树林中生长。喜林草又被称为"粉蝶花""婴儿的蓝眼睛"和"琉璃唐草"等。这种植物是一年生草本植物，多开蓝色花，有时也会开紫色或白色花。它的花期是 4~9 月。喜林草适合盆栽，也适合花坛种植。

喜林草

NEMOPHILA

106 野生老鹳草
Wild Geranium, Geranium sanguineum

野生老鹳草又被称为"血腥鹳嘴""血红老鹳草""红叶老鹳草"等。它学名中的"Geranium"的含义是"鹳"，指这种植物的蒴果的形状像鹳的喙，而它学名中的"sanguineum"指这种植物的叶子秋天会变成红色。野生老鹳草是一种多年生草本植物，通常开紫红色的小花。这些小花耀眼醒目。它的植株表面通常覆盖着一层茸毛。野生老鹳草喜欢生长在石灰岩路面、草原和沙丘上，它开花时间较长，能从5月一直开到10月。野生老鹳草的花朵繁茂，为夏天增添了明亮的色彩。这种植物能适应不同的气候，但最喜欢10~20℃的气温。它最能"招蜂引蝶"，蝴蝶、蜂鸟、大黄蜂等都爱来采它的花蜜。野生老鹳草含有多种天然消炎杀菌成分，可入药，能够活血化瘀、消肿止痛。

野生老鹳草

WILD GERANIUM

107 绒球雏菊
Double Daisy, Belles perennis florepleno

它的叶子像是一把把大勺子，它的花像是一个个毛茸茸的花球，它的身高只有 10 厘米左右。绒球雏菊看上去小巧玲珑、乖巧可人。它通常在早春开花，一直开到夏末。绒球雏菊实际上是人工培育出的重瓣雏菊品种，它除了开红色花，也开白色、紫色和绯红色的花。绒球雏菊和野生雏菊长得很像，不过，它比野生雏菊更适合做插花，因为将前者插在水瓶中，它可以盛开很久，而后者恨不得一离开植株就蔫了。插图所示的绒球雏菊的品种是"罗布·罗伊"。罗布·罗伊是一个具有传奇色彩的苏格兰人的名字。这个人是劫富济贫的绿林好汉，也被誉为"苏格兰的罗宾汉"。这样的命名似乎在表明这种植物的强悍。的确，"罗布·罗伊"绒球雏菊比一般的雏菊耐寒，也更容易成活。绒球雏菊可以食用，人们经常用它的花瓣装饰汤、沙拉和蛋糕。

绒球雏菊

DOUBLE DAISY

西班牙鸢尾

SPANISH IRIS

108 西班牙鸢尾
Spanish Iris, Iris xiphium

西班牙鸢尾是一种原产于西班牙和葡萄牙的鸢尾。这个品种的鸢尾也被称为小球根鸢尾。它通常在5~6月开花。西班牙鸢尾花的形状像是鸢鸟的尾巴，花色丰富，有黄色、栗色和白色等，但通常是蓝色和黄色相搭配。这种鸢尾外形独特、花朵艳丽，深受人们的喜爱。和英国鸢尾不同的是，西班牙鸢尾的植株矮小，一般只能长到60厘米高，并且，它的同一根茎上可以生出2~3朵花来。西班牙鸢尾的花比英国鸢尾的花小。这种植物整株带毒，若有人不幸误食，其中毒症状包括口腔和喉咙的烧灼感、腹痛、恶心和腹泻等。

109 南茼蒿
Corn Marigold, Chrysanthemum segetum

南茼蒿的英文名的含义是"玉米金盏花"，指这种长得像金盏花的植物经常可以在玉米地里找到。英国人在苏格兰新石器时代的遗址中首次发现它，但南茼蒿的原产地可能是西亚或地中海沿岸。英国人判断它很可能随新石器时代农业的引入而在英国安家落户。英国草药学家约翰·帕金森在他 1640 年出版的《植物剧场》中描述了南茼蒿的用处：用来做花环或挂在屋子里。南茼蒿的花朵呈金黄色，明亮耀眼，像一张张笑得灿烂的脸庞。直到最近，这种美丽的野花才被归为菊科。但南茼蒿和菊花也有不同之处：南茼蒿的叶子上覆盖着一层蜡，像荷花叶那样，在雨后会保有亮晶晶的水珠。南茼蒿是一种多年生草本植物，能长到 80 厘米高。它的花期是 6~10 月。南茼蒿喜欢沙质、微酸性、能自由排水的土壤。它的另一个特点是含有香豆素，芳香浓郁。

南茼蒿

CORN MARIGOLD

110 愚人欧芹

Fool's Parsley, Aethusa cnapium

愚人欧芹有着蕾丝般的伞型花序，清纯别致，惹人怜爱。它的花期是 6~9 月。它的样子像欧芹、香根芹，也像野胡萝卜，不过，和这三种植物都不同的是，它的茎上没有毛，而且它有股强烈的气味。这种气味闻起来有点像芫荽，也有点像大蒜。大概因此，很少有昆虫愿意靠近这种植物，更没有牲口肯吃它，只有少量毛毛虫把它当作美食。实际上，人们更可能把愚人欧芹误认为是叶子同样像蕨类植物、而毒性却更强的伞形科植物毒芹。愚人欧芹有毒，也因此叫"毒欧芹"。据记录，母牛若误食一小把愚人欧芹，75 分钟后就会被毒死。不可思议的是愚人欧芹也可入药，用来作镇静剂，或治疗胃肠道疾病等。看来在某些时候，有些毒药会变成解药。

愚人欧芹

FOOL'S PARSLEY

111 沼金花

Bog Asphodel, Narthecium ossifragum

"一闪一闪亮晶晶，满天都是小星星"，说的大概就是它。嫩黄色的沼金花和它所在的棕色或绿色的荒野形成对比，令人一见倾心。沼金花通常在 6 月开花，花期能持续到 8 月。它的星状花井然有序地分布在花茎的上端，靠上的部分是待开的花苞，靠下的部分是完全绽放的花，令花茎看上去像是花的金字塔。这种植物喜欢开阔的场地，喜欢潮湿、酸性和多泥炭的土壤。沼金花学名中的拉丁语 "ossifragum" 的含义是 "破骨者"，意思是会使羊的骨头变脆，但它其实并不会伤害到羊。羊骨头的变化是由于牧场土壤缺钙导致的，因为酸性土壤极易出现缺钙现象，而沼金花只生长在酸性土壤里。让沼金花背酸性土壤的锅实在是冤枉。到了秋天，沼金花的花茎会变成深橙色，明亮鲜艳。沼金花具有匍匐的根状茎，朝下的一面生有许多须状根，它可以借助这些根蔓延繁殖，也可以通过种子繁殖。

沼金花

BOG ASPHODEL

112 秋水仙

Meadow Saffron, Colchicum autumnale

很少有花能赶上秋水仙的美丽，一朵朵拔地而起的小花如同刚出浴的少女，恬静从容。秋水仙是一种多年生草本球根植物。顾名思义，它在秋天绽放。待秋水仙的叶子枯萎一段时间后，花梗才会从地上冒出来，据说"有花无叶，有叶无花"说的就是它。秋水仙的花梗呈雪白色，又细又长。它的花蕾是纺锤的样子。秋水仙盛开时，六片淡紫色的花瓣包围着橙色的花蕊，娇艳欲滴。因为没有叶子相伴，秋水仙被称为"裸女"。因为秋水仙花的样子也有点像番红花，它又被称为"秋天的番红花"。秋水仙有剧毒，算得上是植物界的"蛇蝎美女"。要特别小心的是，秋水仙的叶子长得像雄葱——就是在英国，人们经常去采摘用来包饺子、做馅饼的"野韭菜"。人们误食秋水仙后，后果将不堪设想。

秋水仙

MEADOW SAFFRON

113 白花酢浆草
Wood Sorrel, Oxalis acetosella

　　若有一种植物可以勾起我对童年往事的回忆的话，那一定就是"酸咪咪"，也就是酢浆草。它挨着地面生长，一长就是绿油油的一片，三片心形的叶子由"心尖"相连，层层叠叠。记得小时候，我和小伙伴们总爱争先恐后地抢着吃酢浆草的叶子，并故意流露出十分吃惊的表情。那酸酸甜甜的滋味像极了童年的滋味。我在英国再次遇见它时，忍不住摘了一片它的叶子，放入嘴中。中国的酢浆草通常开粉色花，英国的酢浆草多开白色花。这种白花酢浆草，被英国植物学家詹姆斯·埃比尼泽·比切诺认为是真正的"三叶草"。白花酢浆草有五片带有紫色脉络的白色花瓣，它的叶子和花会在夜晚闭合。这种植物喜欢阴凉，经常生长在被苔藓覆盖的大树干旁边。白花酢浆草在复活节前后开花，因此又被称为"哈利路亚"。它的叶子和花朵都可以拌沙拉吃，或做成酢浆草酱和酢浆草汤，也可以做成味道类似柠檬水的饮料。

白花酢浆草

WOOD SORREL

114 斑叶红门兰

Spotted Orchis, Orchis maculata

我第一次在爱丁堡达丁斯顿湖边的沼泽地见到野生的斑叶红门兰时，兴奋地想要把它移植回家。斑叶红门兰的学名中的拉丁语"maculata"的含义是斑点，指这种植物的绿叶上有很多椭圆形的黑色斑点。斑叶红门兰是一种多年生草本植物，通常能长到 15~45 厘米高。它也是一种球茎植物。和其他附生兰花不同的是，它并不需要攀附树木或灌木生长。斑叶红门兰通常在 6~8 月开花。这些花朵密密麻麻地簇拥在花茎顶端，呈锥形。花色从深粉色到浅粉色不等，并且它们的三裂唇瓣上有明显的紫色斑点或斑纹，最常见的花色是粉色和紫色的组合。斑叶红门兰的花很香，最能吸引白天活动的飞蛾。这种植物喜欢在潮湿的栖息地、开阔的树林和沼泽地中生长。它看起来很娇弱，但却是一种生命力顽强的植物。斑叶红门兰遍布苏格兰，也是苏格兰西洛锡安郡的郡花。它被苏格兰人赋予了一些古怪的名字，比如"亚当和夏娃""蝰蛇的花""乌鸦脚""卷发""死人的手指""水壶盒""老妇人的针垫"和"无名指"等。每个名字背后都有一个故事，但到底是怎样的故事，只能靠人们去想象了。

斑叶红门兰

SPOTTED ORCHIS

115 宝盖草

Henbit, Lamium amplexicaule

宝盖草的英文名的含义是"鸡咬"，这个名字源于人们发现鸡喜欢吃这种植物。宝盖草的中文名源于它的叶子的形状像是古代帝王驾车、仪仗时所用的华盖。宝盖草通常在 3~5 月开花，花盛开时，微小的深粉色的小花环绕分布于茎上部的叶腋位置，花朵的样子有点像兰花。宝盖草属于两型植物，既拥有开放花，又拥有闭锁花。开放花是虫媒花，需要昆虫来授粉，而闭锁花是闭锁不开放进行自交的花。若没有昆虫给它们授粉，宝盖草便进行闭花受精。集开放花与闭锁花于一身，聪明的宝盖草用这两种方式传宗接代。宝盖草的叶子对生，呈圆形或心形，叶缘有锯齿。位于茎上部的叶子的叶脉略微凹陷，看起来有点皱。下部叶子长在短柄上，上部叶子没有叶柄，直接环绕着茎生长，并且两叶相接，形成一个莲台。宝盖草的叶子和花都可以生吃或煮熟吃，略带甜味和胡椒味。它也可以入药，能活血化瘀，促进断骨再生。

宝盖草

HENBIT

116 田野勿忘草

Field Scorpion Grass, Myosotis arvensis

在英国，熟悉勿忘草的人，都不难认出这种长得和勿忘草很像的植物。这种植物叫田野勿忘草，又叫"田野蝎子草"。英国有六七种不同的勿忘草，田野勿忘草是其中的一种。和中国人熟悉的勿草我不同，英国的勿忘草是一种喜欢生长在水边，通常开天蓝色小花的植物。勿忘草的花序在盛开前卷曲着，像是蝎子的尾巴，因而勿忘草也叫"蝎子草"。田野蝎子草的名字也是这样来的。

田野勿忘草一般在 4~7 月开花，有时从 8~9 月会再次开花。田野勿忘草主要通过自花授粉结种。每株田野勿忘草约产生 700 颗种子，这些种子由豆荚包裹着。豆荚会附着在人们的衣服上，并最终脱落，如此带种子到别处生根发芽。这种植物的叶子上有很多毛，形状像是老鼠耳朵，大概因此，田野勿忘草的学名中含有拉丁语"Myosotis"，这个词的含义就是"老鼠耳朵"。

田野勿忘草

FIELD SCORPION GRASS

117 小白菊

*Feverfew, Matricaria
parthenium*

小白菊的英文名"Feverfew"的
意思是"减少发烧",人们认为
它可以用来退烧,大概因此,
小白菊也叫"退热菊"或
"解热菊"。据说早在古希腊
时期,小白菊就已经是一种草
药植物,也有人称它是"中世纪
的阿司匹林"。后来,科学家们
发现小白菊含有一种名叫小白菊内
酯的化学物质,而这种物质可以缓
解偏头痛。小白菊原产于西亚和巴
尔干半岛,如今已在世界各地生长。
小白菊通常在 7~10 月开花,花的样
子像是雏菊。它的花香浓郁,花朵
清新可人。小白菊的适应性强,在
什么样的土壤环境里都可以正常生
长,不过,它却是一种短命的植物。

小白菊

FEVERFEW

118 夏枯草
Self-heal, Prunella vulgaris

　　这种植物会在夏至后枯萎，故而
得名夏枯草。夏枯草可以清热去火、
防暑降温，中国饮品王老吉的配方中
就含有夏枯草。夏枯草的这种治愈
能力，从它的英文名"自愈"（self-
heal）也可见一斑。夏枯草喜欢在
温暖湿润的环境中生长，这些
地方通常土地贫瘠。夏枯草高
20厘米~30厘米，绿叶之上是
轮伞花序，即生于对生叶腋中的
聚伞花序。每轮有六朵紫蓝色的
小花，这些小花形状独特，看上去
像是在打呵欠的河马。夏枯草的花
期是6~8月。它的嫩叶和嫩茎可以生
吃，整株植物可以煮食。

夏枯草

SELE-HEAL

119 田芥菜
Charlock, Sinapis arvensis

英国诗人托马斯·沃顿在他的一首描述春天的诗中写道："挥舞着扫帚的田野里，慢慢呈现出金色的扫帚。"这首诗令人想起一片片的田芥菜。而实际上，田芥菜是一种令农夫们头疼的杂草。开着亮黄色花朵的田芥菜经常生长在荒地和路边。一簇簇小黄花懒洋洋地聚在茎顶，每朵小花有四片花瓣。田芥菜的茎和叶上都有绒毛。它的下部叶有叶柄，上部叶无叶柄。田芥菜过去常常出现在谷物田里，如今更常见于阔叶作物田。它的花期是 4~7 月。人们曾将田芥菜的叶子煮熟后食用。用田芥菜的种子提取的油可用作机械润滑油。田芥菜的种子也是制作调味料芥末的原料。不过，这种植物对牲畜有毒。

田芥菜

CHARLOCK

120 伯利恒之星

Star of Bethlehem, Ornithogalum umbellatum

圣诞树的顶端通常会装饰有一颗星星，这颗星星象征"伯利恒之星"。据《圣经》描述，耶稣在马厩里降生时，伯利恒之星指引"东方三博士"来到耶稣出生地。如今，伯利恒之星也是一种植物的名字。这种植物清秀雅致，楚楚动人。它的六瓣小白花搭配着黄色花蕊，像极了闪耀着光芒的星星，故此得名"伯利恒之星"。伯利恒之星又被称为虎眼万年青、葫芦兰、海葱、鸟乳花、玻璃球花、圣星百合、天鹅绒等。伯利恒之星的叶子酷似野韭菜，但没有野韭菜的气味。它于春末或初夏开花。这种植物的生命力顽强，当将它与其他植物种在一起时，它能够很快地占领地盘，把同伴们挤得七零八落。庭院设计师们对草坪上源源不断冒出来的伯利恒之星无可奈何。有人指出，除非将它种在花盆里，否则不要轻易种植伯利恒之星。

伯利恒之星

STAR OF BETHLEHEM

121 玉米百合
Ixia, Ixia crateroides

　　玉米百合是一种原产于南非的球茎
植物，属于鸢尾科。它有呈剑状的叶子，
长而结实的茎和星形的花朵。它的花色
丰富，包括蓝色、紫色、粉红色或白色
等。玉米百合晚春到夏天开花，通常没
有很浓郁的香味。它的花盛开时，数十
个花苞密集生长于花茎的顶端，从
下到上依次绽放，而未盛开的花
骨朵儿像是颗粒饱满的玉米粒，
大概因此它被称为玉米百合。
玉米百合又被称为非洲小鸢
尾、魔杖花、非洲玉米百合
等。它喜欢排水较好的土壤。
玉米百合的花枯萎后，叶子也会
迅速枯萎。玉米百合适合做插花，
在水瓶中可以成活 7~10 天。

玉米百合

IXIA

122 田旋花

Field Convolvulus, Convolvulus arvensis

我小时候很喜欢牵牛花，常常摘下两三朵牵牛花，将它们别在耳后，整个人都神气起来。田旋花是一种长得酷似牵牛花的花，但两者又不完全相同：牵牛花的花朵呈喇叭状，田旋花的花朵呈碗状；牵牛花的叶子有心型和枫叶型，田旋花的叶子像一把把小小的宝剑。田旋花是一种多年生草本植物，它的花期是 5～7 月。它又被称为"小旋花""欧洲旋花""顺风""多年生牵牛花""小花牵牛花""匍匐珍妮"和"占有藤"等。鲜为人知的是，俏皮可爱的田旋花却是一种令农夫头疼的杂草。田旋花喜欢在田野里安家落户，它的根深深地扎进泥土里，根系寿命长，并且，很小一段根茎就能产生新芽，因此很难被清除干净。除此之外，每株田旋花可以产生 500 多颗种子，这些种子的寿命也很长，甚至可在土壤中存活 20 年。田旋花和庄稼或其他植物争夺养料、水分和空间，总能遥遥领先，结果导致作物产量下降和生物多样性的减少。

田旋花

FIELD CONVOLVULUS

123 田野蔷薇
Field-rose, Rosa arvensis

　　田野蔷薇又被称为"莎士比亚的麝香"。田
野蔷薇通常在 6~7 月开花。它酷似犬蔷薇，但
它只开白色花。田野蔷薇的花朵带有强烈的麝
香气味，并且有非常显眼的金色雄蕊。
它光滑的茎有时略带紫色，茎上覆盖
着比犬蔷薇的钩状刺更弯曲的刺。
田野蔷薇喜欢在树篱和灌木丛中
生长，喜欢四处蔓延，一长就是一
大片，仿佛生出一个小山丘，这也
是它同其他野生蔷薇最大的区别。田
野蔷薇的花凋谢之后，会结出深红色呈
圆形或椭圆形的果实，这些果实
富含维生素 C。许多昆虫，
包括蜜蜂、飞蛾和蝴
蝶都被田野蔷薇
的花吸引。鸟类和
小型哺乳动物也喜
爱吃它的果实。田野蔷薇
可用于做香水。

田野蔷薇

FIELD-ROSE

124 草原老鹳草

Meadow Crane's-bill, Geranium pratense

老鹳草的蒴果中间有一条长长的喙，就像鹳鹤的长喙，故此得名。草原老鹳草常见于草地和路边，它喜欢在白垩质土壤和排水良好的地区生长。草原老鹳草是一种多年生草本植物。这种植物非常耐寒，甚至可以忍受零下 20℃的温度。它通常在 6~8 月开花，花盛开时，轻盈娇柔的蓝紫色小花令人一见倾心。草原老鹳草有五片花瓣，花朵的中心泛白，花瓣上有一道道白线。这些白线可大有用处。它们像是指示灯，引导昆虫一步步靠近花朵中央，找到花蜜。在这个过程中，昆虫的翅膀上或多或少会粘上雄蕊的花粉，之后，这些昆虫会将花粉带到另一朵花的柱头上。草原老鹳草不动声色地借用这个互惠互利的小把戏，完成了授粉。

草原老鹳草

MEADOW CRANE'S BILL

125 蕨麻

Silverweed, Potentilla anserina

蕨麻，又被称为菜莲花、人参果、鸭子巴掌菜等。蕨麻学名中的"anserina"的含义是"和鹅有关的"，这大概是因为蕨麻叶的形状会让人们想起鹅的脚掌。蕨麻的叶子也和菊蒿的叶子有点像。蕨麻叶表面有银色的光泽，因此，它的英文名是"银色的杂草"。蕨麻于6~8月开花。它的花呈黄色，有五片花瓣。蕨麻喜欢在潮湿的环境中生长。它的所有部分都可以吃，叶子可以拌沙拉，但人们主要吃它的根。它的根像是欧防风，可以烤着吃、煮着吃，也可以磨成粉做面包或煮粥。在大饥荒年代，苏格兰高地和岛屿的人们经常种植蕨麻，并以它的根为食。据说在苏格兰的北犹斯特岛，避难的人们靠着蕨麻得以幸存。历史上，人们曾用蕨麻根交换玉米。古罗马的士兵还会用蕨麻叶做鞋垫，因为蕨麻叶吸汗，可以保持鞋内干爽，缓解士兵长途跋涉的劳顿。

蕨麻

SILVER WEED

126 玻璃苣
Borage, Borago officinalis

第一次见到玻璃苣时，我就喜欢上它了。它开着蓝紫色星状小花，这些花都娇羞地垂着头，并且，它浑身是毛绒绒的细毛，看上去软软糯糯，可爱呆萌。它就是传说中的"忘忧草"。古罗马博物学家老普林尼和古希腊医生迪奥斯科里德斯指出：古希腊诗人荷马所提到的忘忧草就是玻璃苣，玻璃苣和酒的混合物可以让人们忘记过去。英国植物学家约翰·杰拉尔德在他的《草药书》中写道："将玻璃苣的叶子和花放入酒中，可以让人们变得开心，可以驱散所有悲伤、沉闷和忧愁……玻璃苣花制成的糖浆能够安抚人们的心灵、消除忧愁、抚慰狂躁的人。"新鲜的玻璃苣可以食用，有一种黄瓜味。玻璃苣的种子可以榨油，这种油可用于治疗湿疹、神经性皮炎等皮肤病。玻璃苣也是西红柿等蔬菜的最佳伴生植物，因为它可以迷惑西红柿的天敌番茄天蛾，让它们把卵产在它们的植株上，由此增加番茄的产量。玻璃苣的花期比较长，它 5 月开花，可以持续开花约 4 个月。

玻璃苣

BORAGE

127 斑点疆南星
Arum or Cuckoopint,
Arum maculatum

我第一次见到斑点疆南星的
果实时，就被它们迷住了。只见一
串串鲜红色的小球拔地而起，像一
串串漂亮的糖果，又像是女巫的魔
法棒。斑点疆南星又叫"老爷和夫
人们""布谷鸟品脱""国王和王
后""讲坛上的牧师"和"醒来的
知更鸟"等，这些名字多描述它的
花的形状。斑点疆南星 3~5 月开
花。它的花盛开时，佛焰花序被一
片类似花瓣的佛焰苞包围，清新大
方，像极了马蹄莲的花。要小心的
是，这种植物有剧毒。谁若吞下它
的果子，在 10 个小时内就会有生
命危险。斑点疆南星的生命比较顽
强，要摆脱斑点疆南星，最重要的
一点是：不要让它结种。一旦看到
有橙色果实的迹象，立即把它的根
茎拔出来，把根茎烧掉或扔进垃圾
箱里，千万不要把它放在堆肥上。

斑点疆南星

CUCKOOPINT

128 香菫菜
Sweet Violet, Viola odorata

香菫菜是一种通常开紫色花的植物，其英文名中的单词"紫罗兰"也由此而来。顾名思义，香菫菜也是一种菜。它的叶子可食用，它的花可用于装饰糕点或做甜食。不过，这种植物的根和种子有毒。

香菫菜的香气很独特，受人欢迎。在维多利亚时代晚期，香菫菜曾被广泛用于香水制造业。香菫菜的学名中的拉丁语"odorata"的含义是"芳香"，恰好表明这种植物最典型的特征。香菫菜有多年生根茎，生性顽强，凭借强大的匍匐茎便能够快速蔓延。它喜欢阴凉，经常在杂草丛、灌木丛或树下等阴凉处生长。除了紫色花，香菫菜也会开淡紫红色或白色的花。香菫菜大约在2月的第3周开花，一直开到4月底。

香菫菜

SWEET VIOLET

129 蓝铃花
Bluebell, Agraphis nutans

英国女作家艾米莉·勃朗特喜欢蓝铃花，她在 1838 年创作的诗歌《蓝铃花》中写道："蓝铃花是最甜美的花，它在夏日的空气中招手：它的花朵拥有最神奇的力量，抚慰我心灵的牵挂。紫色的荒地中有一个咒语，太狂野了，可怜的亲爱的；紫色有芬芳的气息，但芬芳不会欢呼……"在这首诗中，蓝铃花代表春天的归来，也暗示着失去。诗人希冀与其沉迷于过去，不如从过去中汲取教训。在苏格兰，蓝铃花随处可见。每年 4、5 月，一片片的蓝铃花在林间盛开，让深邃的树林更加神秘而悠远。它们摇着各自的风铃，似乎在呼唤着精灵。大概因此，蓝铃花又被称为"妖精的铃铛"。蓝铃花的花瓣外翻，多呈紫蓝色，也有粉色和白色。这些花朵垂着头，羞涩娇柔。蓝铃花的汁液可被做成黏合剂，人们曾用这种汁液将羽毛粘在箭头上，将书页粘到书脊上。在英国的维多利亚时代，人们还会把蓝铃花的球茎压碎，制作成能使布料挺直的淀粉浆。在传统医学中，蓝铃花的球茎也曾被制作成利尿剂或止血剂。不过，因为这种植物有毒，现代医学已经不再用它了。

蓝铃花

BLUEBELL

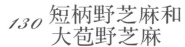

130 短柄野芝麻和大苞野芝麻

*White and Red Dead Nettles,
Lamium album, Lamium
purpureum*

短柄野芝麻和刺荨麻长得有点像，但它的体型比刺荨麻要小。短柄野芝麻和刺荨麻最大的不同是：前者并不"蜇人"。短柄野芝麻可食用，也可入药。它的花朵从 3 月一直开到 12 月。它的嫩叶有点像菠菜，可以煮熟吃，也可以炒鸡蛋吃。短柄野芝麻的花可以装饰甜点。在英国约克郡，人们也用短柄野芝麻的花做酒。大苞野芝麻很像短柄野芝麻，它也不会蜇人。不过，短柄野芝麻是多年生植物，而大苞野芝麻是一年生植物。大苞野芝麻常见于路边、荒地和田野，而短柄野芝麻常见于树篱、路边和棕色的田野。在爱尔兰民间医学中，短柄野芝麻和大苞野芝麻都被用于治疗皮肤病。

短柄野芝麻和大苞野芝麻

DEAD NETTLES RED & WHITE

131 蔓长春花
Periwinkle, Vinca major

　　蔓长春花是一种常绿的匍匐性覆盖
植物，原产于欧洲。乔叟在诗中描述它
"焕发着新鲜的紫罗兰色"。在民间传说
中，蔓长春花被称为"死亡之花"。人们
用它的藤蔓编织成束发带，戴在去世的孩
子头上，或将其做成头带，戴在送往刑场
的罪犯的头上。这种植物的生命力顽强，
它既能忍受高温，又耐寒，并能抵抗多种
虫害。蔓长春花于 3、4 月开花，有时到
了秋天会再度开花。它的花瓣呈逆时针
方向螺旋排列，像是正在旋转的车
轮。蔓长春花有淡紫色、紫色、
白色等，通常能长到 15
厘米高，并迅速向四
周蔓延，是一种常用
的地被植物。

蔓长春花

PERIWINKLE

132 榕毛茛
Lesser Celandine, Ranunculus ficaria

冬末春初，你若看到一片明亮而有光泽的黄色花朵在 15 厘米~20 厘米高的茎上盘旋，它们的叶子的形状像是心脏或肾，叶片光滑，那它们大概就是榕毛茛了。这种植物只在冬末或早春开花。开花几周后，它们的花朵和叶子便会枯萎。英国浪漫主义诗人华兹华斯为黄水仙写的那首诗家喻户晓，而实际上，榕毛茛才是他的最爱。华兹华斯曾为榕毛茛写过三首诗。他在《榕毛茛》中写道："有一种叫榕毛茛的花，像很多别的花那样，它的花朵在雨中或天冷时闭合；但阳光出现的那一瞬间，它会马上绽放，像太阳一样明亮。"华兹华斯评价榕毛茛："这种植物在早春开花，它的花那么艳丽，那么旺盛，令人惊讶，不然它也不会出现在早期英文诗歌中。它的生活习性让它变得更加有趣，它的花开、闭合由周围的光线和温度决定。"英国博物学家英吉尔伯特·怀特在《塞耳彭自然史》中记录：榕毛茛于 2 月下旬开花。英国博物学作家理查德·梅比在其著作《大不列颠的植物群》中指出：榕毛茛是"植物中的燕子"。它的花开预示了春天的到来，因此它的一个别名就是"春天的使者"。榕毛茛喜欢在潮湿的环境中生长，这或许可以解释它的学名中为何有含义为"小青蛙"的"Ranunculus"。用榕毛茛制作的草药可以治疗痔疮和坏血病等。华兹华斯希望用榕毛茛装饰自己的墓碑，结果后人发现，他墓碑上的榕毛茛雕得并不太像。

榕毛茛

LESSER CELANDINE

133 石蚕叶婆婆纳

Germander Speedwell, Veronica chamaedrys

石蚕叶婆婆纳又名"鸟眼""猫眼"。它的蓝紫色花瓣中间晕着一团白，像是一只只充满好奇的大眼睛。石蚕叶婆婆纳是一种多年生草本植物，它善于蔓延，通常会形成地毯式植物群丛。它的植株不高。它的齿状叶成对生长在茎上，有短柔毛。石蚕叶婆婆纳的花期是3~7月。有趣的是，一旦将它的花从茎上摘下来，花很快就会枯萎。在德国，人们给它起了一个非常意味深长的名字——"男人的忠诚"。这大概寓意男人会像石蚕叶婆婆纳花那样，为表明忠诚以死明志呢。人们相信，石蚕叶婆婆纳像其他野外生长的婆婆纳那样，会给旅行者们带来好运，于是，人们将它们插在纽扣孔中。这种植物一般生长在荒地、牧场边缘和树林里。除了能充当漂亮的植被，石蚕叶婆婆纳也可食用，并且它的叶子可以做茶。

石蚕叶婆婆纳

GERMANDER SPEEDWELL

134 黄花九轮草
Cowslip, Primula veris

黄花九轮草是早春盛开的花,也是报春花的近亲。只见一簇簇嫩黄色的钟形花都朝向一个方向,随风点头,仿佛在同时答应着。黄花九轮草的花通常有五片花瓣,每片花瓣前端都微裂,看起来像是带花边的蓬蓬裙。这些花各自被长长的淡绿色的管状花萼包裹着,好像一遇到危险,它们就会躲进花萼里似的。它的叶子呈深绿色,叶面有褶皱,叶缘有齿,叶子中间有一条清晰可见的淡奶油绿色的脉络。因为一簇簇花看起来像是一串串钥匙,加上民间传说使徒圣彼得(耶稣的门徒,据说他掌管着天国的钥匙)丢下钥匙,在钥匙掉落的地方长出了黄花九轮草,因此黄花九轮草又被称为"天堂的钥匙""圣彼得的钥匙"等。黄花九轮草颇受人们重视。五朔节期间,人们用它装饰花环或将黄花九轮草的花瓣撒在通往举办婚礼的教堂的小路上。这种植物曾被用来改善睡眠,因为据说它有镇定作用。在西班牙,黄花九轮草被用于烹饪。煮熟的黄花九轮草略带柑橘味。在英国,人们也用黄花九轮草为自家酿制的葡萄酒调味。

黄花九轮草

COWSLIP

135 汉荭鱼腥草

Herb Robert, Geranium robertianum

汉荭鱼腥草是一种常见的老鹳草属植物，也被称为"草本罗伯特""罗伯茨天竺葵""红色知更鸟""狐狸天竺葵""臭鲍勃"等。汉荭鱼腥草的植株低矮。它的花朵呈粉红色，有五片花瓣。它的茎呈红色。它深裂的裂叶也带有红色。汉荭鱼腥草通常在4月开花，一直开到秋天，并且在此期间，它的绿叶会逐渐变红。它的叶子散发着一股难闻的气味。汉荭鱼腥草很容易扩张蔓延。它的种子从豆荚中弹出，可以弹到6米之外。此外，它的适应性强，能适应大多数生长环境。过去，汉荭鱼腥草常被用来治疗流鼻血、头痛和胃痛等，也用于帮助伤口愈合，或被制作成驱蚊剂等。

汉荭鱼腥草

HERB ROBERT

沼泽金盏花

Marsh Marigold, Caltha palustris

春天，我在河边的沼泽地里发现了灿烂盛开着的沼泽金盏花！只见周围一片幽绿，它那明亮的金黄色花显得更加耀眼。沼泽金盏花又叫"鳞茎毛茛""驴蹄草""国王的杯子""五月花"等。它是一种喜欢在潮湿阴凉的环境中生长的毛茛科植物。据说，沼泽金盏花是地球上最古老的植物之一。它在上一个冰河时期之前就已经存在。尽管人们并未发现它的化石，但它的分布广泛，花结构原始，这些都表明它是"活化石"。沼泽金盏花于3~6月开花。沼泽金盏花的生命力很强，一段很小的根状茎就可以在泥泞的土壤里生长繁殖，但是在气候温暖、排水良好的土壤里，它却不大会蔓延。这种植物有毒，会刺激皮肤，导致皮肤发炎或皮疹。

沼泽金盏花

DAISY & MARSH MARIGOLD

137 紫草
Comfrey,
Symphytum
officinale

　　紫草开花时，一串串
小紫花都低垂着头，低调而
内敛。这种植物其貌不扬，却
大有用处。2000 多年来，因为
紫草抗炎、镇痛，具有收敛性，
它被广泛用于治疗各种疾病。古
罗马博物学家老普林尼在他的著
作《自然史》中首次提到紫草的药
效，指出它可以治疗瘀伤和扭伤，并有助
于伤口愈合。在中世纪，紫草被用于治疗
风湿病和痛风。17 世纪英国植物学家尼古
拉斯·卡尔佩珀在他的著作《英国医师》
中提到了紫草。卡尔佩珀以紫草为例，呼
吁让低收入者获得便宜的草药，并反对医
生开药方时故意写植物的拉丁学名，伺机
要高价。后来，紫草也用于治疗皮肤溃疡、
肌肉酸痛、类风湿性关节炎、静脉曲张、
痛风、骨折等疾病。如今，农夫用紫草做
牛的营养饲料或农作物的肥料。据说，将
紫草叶在雨水中浸泡几周后，它便会成为
西红柿或土豆的上等肥料。

紫草

COMFREY

138 柳穿鱼

Toadflax, Linaria vulgaris

我是从超市里买的一束鲜花认识柳穿鱼的。这束鲜花中有一枝枝样子像是金鱼草的花，它们便是柳穿鱼。柳穿鱼以黄色居多。它的花冠呈鲜黄色，中间的隆起呈橙色，每朵花管的后面还有一条条细长的距，像是它们的"小尾巴"。这些花朵紧密地簇拥在一起，形成总状花序。它的蓝绿色的叶片又细又小，看上去像是松针。大概因为其颜色，柳穿鱼又叫"黄油和鸡蛋"。因为它可以在水中存活较长时间，这种植物特别适合做插花。柳穿鱼喜欢在阳光充足的地方生长。它的根很短，擅长四处蔓延，因此有时柳穿鱼也会被认为是入侵性植物。柳穿鱼的花期是6~11月。英国的小朋友们喜欢摘下柳穿鱼的花，挤压它的花冠。这时，花朵会一张一合，仿佛在吱吱嘎嘎地说着什么呢。

柳穿鱼

TOADFLAX

139 欧白英
Woody Nightshade, Solanum dulcamara

　　不少人会对颠茄（Deadly Nightshade）谈虎色变，因为它是欧洲四大经典毒药之一。欧白英的英文名和颠茄很接近。两者都属于茄科植物，但它们存在明显的差异。颠茄的花单独生长，而欧白英的花成簇生长。颠茄的果实单个生，而欧白英的果实成串悬挂在树上。不过，两者的相同之处是都有毒。若有人误食颠茄，其中毒症状包括口干、吞咽和说话困难、视力模糊、晕厥等，而误食欧白英的中毒症状包括呕吐、抽搐和剧烈腹疼等。欧白英是藤本植物，能长到4~5米高。欧白英的花期是5~9月。它的花朵呈星形状，含有五片深紫色的花瓣。花瓣中间是金黄色的花蕊。花谢后，欧白英会结出闪亮的绿色浆果。之后不久，这些果实会逐渐变红，有点像枸杞。

欧白英

WOODY NIGHTSHADE

欧活血丹
Ground-Ivy, Nepeta glechoma

欧活血丹也叫"爬行的查理""出逃的罗宾"等，因为它可以生出藤蔓匍匐生长，各处生根，把地面覆盖得严严实实，经常让园丁们感到头疼。欧活血丹的英文名中含有"常春藤"，但它与真正的常春藤毫无关系，而实际上属于薄荷家族。这种植物略带香气，那是一种介于薄荷和鼠尾草之间的气味。欧活血丹的叶子呈圆形或椭圆形，叶缘有不锋利的锯齿。如果阳光充足的话，这些叶子会变红。欧活血丹的花通常是淡紫色的，呈漏斗状。它的下侧花瓣较大，并朝前突出，像是一片厚厚的嘴唇。它的花瓣上常带有深紫色的斑点。欧活血丹的花期是3~6月。它的嫩叶和嫩茎经过焯水后可拌着吃，也可裹上面糊制成天妇罗。欧活血丹被认为是一种清洁肺部的草药。用它的叶子泡的茶，可以治疗咳嗽和其他呼吸道疾病。在中世纪，欧活血丹被称为"圣母藤"。

欧活血丹

GROUND-IVY

141 黄花海罂粟
Yellow Horned-poppy,
Glaucium flavum

花如其名，黄花海罂粟是一种生长在海边的长得像是黄色罂粟花的植物。夏天，在英格兰沿海的沙地或石头地，人们会经常看到它们。黄花海罂粟的种子荚弯曲着，又细又长，像羚羊角，又像大象牙，大概因此，它的英文名中含有"角"。它的叶子呈灰绿色，底部叶子有短柄，叶片很厚，叶缘呈波浪状，上面覆盖着一层白色的绒毛，顶部的叶子没有柄。黄花海罂粟的萼片上也有毛，但它的茎上几乎没有毛。黄花海罂粟通常在6~10月开花，一般能长到30厘米~60厘米高。它虽然长得不太高，但很会扩展，占地面积较大。它的茎被折断后会流出一种黄色的黏稠状汁液，这种汁液有毒。黄花海罂粟的所有部分，包括种子都有毒，误食黄花海罂粟的中毒症状包括脑损伤、呼吸衰竭等。

黄花海罂粟

YELLOW HORNED-POPPY

当草甸碎米荠盛开时，春天真的到
来了。此时，在潮湿的草地、沟渠和河
岸边，人们经常可以看到它们那娇嫩的
淡粉色小花。草甸碎米荠花开的时间恰
好是布谷鸟到来的时间，因此它也被称
为"布谷鸟花"。草甸碎米荠是十字花科
多年生草本植物。它的花期是 4~6 月。
它的学名中的拉丁语"pratensis"的含义
是"草地"。它的英文名源于这种花的
形状。草甸碎米荠的四片花瓣环抱在
一起，很像女士罩衫，而"smock"的
含义便是女士罩衫。据民间传说，草
甸碎米荠是一种神圣的植物，将它带
入室内被认为是一件不吉利的事情。
不过，草甸碎米荠可以食用。它的叶子
可以拌沙拉，只是有一股胡椒味。英
国插画师、童书作家西西莉·玛
丽·巴克写过一首名为《草甸碎
米荠》的诗歌："草又湿又绿的地
方，浅溪流过的地方，黄花九轮草
出现的地方，我被瞧见了。精致如
仙女裙，白色或淡紫色，像是出自精灵
之手，是正在成长的草地少女——草甸
碎米荠。"

草甸碎米荠

LADY'S SMOCK

143 匍匐筋骨草
Bugle, Ajuga reptans

匍匐筋骨草又叫地毯喇叭花、阿朱加等。它是一种多年生常绿植物，没有明显的休眠期。并且，它不怕阴凉、不容易生病、生长速度快、开花繁密，这些特点使它成为地被植物的热门首选。匍匐筋骨草的花期是 4~7 月。匍匐筋骨草的花盛开时，蓝紫色的花"层峦叠嶂"，像是一片紫色的海洋。它那深绿色的叶子和蓝紫色的花完美地搭配在一起。受光照强度、温度高低的影响，匍匐筋骨草的叶子的斑纹和颜色会发生变化，这些变化令整株植物显得更加生动。匍匐筋骨草可以疗伤，只需将其捣碎敷在伤口即可。除此之外，它还能够凉血平肝、清热解毒、消肿、止咳化痰等。

匍匐筋骨草

BUGLE & TALL FESCUE GRASS

144 牛蒡
Burdock, Arctium lappa

在英国路边的杂草丛中，经常会看到一种长得有点像奶蓟草的植物——牛蒡。这两种植物都是菊科植物，但属于不同的属，奶蓟草属于水飞蓟属，牛蒡属于牛蒡属。牛蒡通常在 7~9 月开花。牛蒡的叶子较大，像是大象的耳朵，叶下有短绒毛，并且，牛蒡经常可以长到 3 米高，比奶蓟草高很多。牛蒡和奶蓟草最大的区别是：牛蒡有肥大的肉质根，这些根像极了山药，可以食用，而奶蓟草的根较瘦长，和蒲公英的根很像。有趣的是，英国有一种饮品就叫"蒲公英和牛蒡"（Dandelion & Burdock），这种饮品由蒲公英和牛蒡的根发酵制成，因此得名。这种饮品自中世纪以来就在英国流行了，如今已演变成一种碳酸软饮料。

牛蒡

BURDOCK

145 白花蝇子草
White Campion, Lychnis vespertina

我经常会在路边看到开粉色花
的蝇子草，有一次看到开白色花的
蝇子草时，不禁眼前一
亮。白花蝇子草喜欢生
长在墓地里，因此又
被称为"坟墓之花"或
"死亡之花"。白花蝇子
草的花期是 5~10 月。它
的花独具香气，尤其到了晚
上更是香气四溢，吸引众多
飞蛾前来觅食。白花蝇子草的
花朵有五片白色花瓣。每片花瓣
都有深深的裂口，几乎将花
瓣一分为二。白花蝇子草
是雌雄异株的植物。它
若与红花蝇子草生长在
一处，两者很可能会杂交
产生开淡粉色花朵的蝇子草。
白花蝇子草含有皂苷，它的根可
当肥皂用。

白花蝇子草

WHITE CAMPION

黑泻根

BLACK BRYONY

146 黑泻根
Black Bryony, Tamus communis

秋末冬初，一串串鲜红色的浆果挂在枯萎的黑泻根藤上，十分诱人。这些果实看起来像是被女巫施了魔法的樱桃，召唤人们接近它们，并最好摘下一颗，放进嘴里。但是千万不要上它们的当，因为这些浆果含有剧毒。它们虽然对人类有毒，但却是一些鸟儿们的美食。黑泻根是一种攀缘植物。它的叶子呈心形，有光泽。它的叶脉呈网状。黑泻根通常在 5~8 月开花。它的花呈黄绿色，有六片花瓣。黑泻根通常从埋在地底下 10 厘米~20 厘米的块茎（一种改良的植物茎，呈块状）中长出来。这类块茎的体积有时非常大，像是英国快餐店售卖的烤土豆。根据英国博物学作家理查·梅比在《大不列颠植物志》中的解释，黑泻根英文名中的 "bryony" 来自古希腊语 "bruein"，意思是 "充满到爆裂"，大概描述的就是黑泻根的块茎。不过要小心的是，这些块茎也同样有剧毒。

147 红色百金花
Centaury, Centaurium erythraea

红色百金花的英文名"centaury"是以古希腊神话中的半人马喀戎命名的。据说，喀戎最先发现这种植物具有愈合作用，并用它治好了自己的伤口。这种植物的确具有消炎的功效。人们将其生长在地面上的部分摘下来晒干，用于治疗肝和肾方面的疾病、调理血压、退烧等。红色百金花通常生长在沙丘、荒地和草地里。它的植株较矮。它的花期是6~9月。红色百金花的花朵呈淡粉色。每朵花有五片花瓣，并在茎的顶部成簇生长。这些花大大方方地盛开着，花瓣像是平铺着。红色百金花会在下午闭合，若遇到阴天或潮湿的天气也会关闭，这种本领让它像是时钟，又像是天气预报。红色百金花喜欢温暖和阳光，英国桂冠诗人罗伯特·布里奇斯在《闲花》中描述它是"被太阳宠爱着的红色金白花"。

红色百金花

CENTAURY

322

148 银莲花

Anemone, Anemone nemorosa

当 3 月的轻风吹拂着路边的灌木丛时，柔弱的银莲花也随之绽放。据说只有春风袭来时，它才会盛开。17 世纪英国植物学家尼古拉斯·卡尔佩珀写道："银莲花也被称作风花，因为有人说风若不来，这种花永远都不会开。这是老普林尼说的，如果并非如此，那都怪他。"卡尔佩珀还建议人们一定要把银莲花的根放在嘴里咀嚼，"能令人头脑清醒，可以对抗头昏"。鲜绿色的叶和雪白的星形花，让银莲花看上去大方优雅，很多文人墨客都描写过它。英国诗人罗伯特·布鲁姆菲尔德写道："现在雏菊涨红了脸，银莲花披满了露珠。"美国诗人威廉·卡伦·布莱恩特写道："银莲花和紫罗兰，很久前就枯萎了，野蔷薇和兰花在炎夏到来之际已经凋落。"银莲花的花期是 3~5 月。银莲花喜欢阳光。这种植物的繁盛之地时常是包含多个物种种群的动植物栖息地。银莲花具有抗肿瘤、抗炎、镇痛、抗惊厥等药效。

银莲花

ANEMONE

323

149 林生过路黄
Wood Loosestrife, Lysimachia nemorum

　　林生过路黄的学名中的拉丁语
"Lysimachia"是纪念马其顿亚历山大
帝的将军利西马科斯的。这
位将军是亚历山大大帝的
继承人，后来成为马其
顿的国王。据说，利西马
科斯用这种植物喂他的
牛，好让它们在烦躁不
安和难以控制时平静下
来。林生过路黄的花期是
5~8月。林生过路黄的花盛开
时，只见五片花瓣的小黄花似乎平
摊在绿萍上，看起来清秀而宁静。林生过路
黄是一种报春花科多年生常绿植物。它喜欢阴
凉，在潮湿的落叶林地和绿树成荫的乡间小路
边长得特别好，林生过路黄的学名中的拉丁语
"nemorum"的含义就是"在树林里"呢。

林生过路黄

WOOD LOOSE STRIFE

150 疗伤绒毛花
Kidney-vetch, Anthyllis vulneraria

谁也不会认不出疗伤绒毛花！它们的样子太可爱了，一朵朵黄色的小花散落在小羊毛垫上，像是被白雪覆盖着的雪莲花，正安然地做着自己的美梦，又像是10多只新生的小鸡，正乖乖地蹲坐在温暖的窝里。疗伤绒毛花的花期是6~9月。这种植物通常在沙丘、白垩草原和悬崖上生长。过去，人们常用疗伤绒毛花治疗肾病，所以它的英文名中含有"肾"这个词，而它的花的样子又酷似野豌豆花，因此它的英文名中也含有"野豌豆"这个词。除了开黄色小花，疗伤绒毛花也会开橙色或红色的小花。因为每朵小花都有毛絮状的花萼，因此疗伤绒毛花的花簇看上去毛绒绒的。这种植物也被称为"治伤草"，而它的学名中的拉丁语"vulneraria"的含义便是"伤口治愈者"。在传统医药学中，医生会用疗伤绒毛花缓解肿胀、治愈伤口、治疗胃病和肾脏疾病等。

疗伤绒毛花

KIDNEY-VETCH

索　引

说明：中文前面的名称为植物的英文名，

中文后面的名称为爱德华·休姆所处时代的植物拉丁文学名。